Detlef Erhardt

ICH, LUCKY!

Ich mache mir diese Welt untertan... und die Familie sowieso.

Kommentiert von
Kerstin Weichinger
Hundeverhaltenstherapeutin
Michael Pahlke
vereid. Sachverständiger
für Hundewesen

Detlef Erhardt

ICH, LUCKY!

Ich mache mir diese Welt untertan... und die Familie sowieso.

... und das ist übrigens mein Haus!

Eine unterhaltsame Geschichte, wie man einen Hund perfekt verzieht und nach einem Jahr verzweifelt versucht, den Koloss wieder einigermaßen auf Spur zu bringen.

Impressum

Autor:
Detlef Erhardt

Co-Autoren:
Kerstin Weichinger
Michael Pahlke

Vorwort:
Udo Gartenbach

1. Auflage 2011

Alle Informationen und Angaben in diesem Buch wurden vom Verlag sehr sorgfältig zusammengetragen und recherchiert. Inhaltliche Fehler können wir jedoch nicht ausschließen. Für Fehler, Änderungen und Irrtümer können die Autoren und der Verlag keinerlei Haftung übernehmen. Ihre Hinweise und Anregungen nehmen wir gerne entgegen und werden diese in Folgeauflagen berücksichtigen.

© 2011 AniMazing GmbH, Grunewaldstraße 5, 93053 Regensburg
www.ich-lucky.de
email: lucky@animazing.de

Nachdruck, auch auszugsweise, Vervielfältigung, Übersetzung oder Nutzung des Fotomaterials und der Grafiken bedürfen der ausdrücklichen, schriftlichen Genehmigung des Verlags.

ISBN: 978-3-940163-23-3

Satz/Layout: id werbung & design, 93182 Duggendorf
Cover-Design: www.werbegrafik-marketing.de

Fragen und Anregungen an den Autor: **lucky@animazing.de**

Inhaltsverzeichnis

Inhalt

Vorwort von Udo Gartenbach		7
Kapitel 1:	Kino im Kopf	11
Kapitel 2:	Herzlich willkommen	17
Kapitel 3:	Vom Paulus zum Saulus	25
Kapitel 4:	Résistance	27
Kapitel 5:	Arbeit und Lohn	55
Kapitel 6:	Selbsterkenntnisse	71
Kapitel 7:	Regeln und Etikette	79
Kapitel 8:	Die Wende	87
Kapitel 9:	Beziehungskisten	105
Kapitel 10:	Wir sind viele!	123
Kapitel 11:	Quintessenz	141
Das Kreuz mit den Namen		150
Anhang A:	Michael Pahlke: Kriterien für die Auswahl einer Hundeschule oder eines Hundetrainers	152
Anhang B:	Kerstin Weichinger: Wie finde ich einen guten Züchter?	156
Anhang C:	Über Kerstin Weichinger	158
Anhang D:	Über Michael Pahlke	160

Hier finden Sie die Kommentare unserer Hundetrainer Kerstin Weichinger und Michael Pahlke.

ICH, LUCKY!

Vorwort von Udo Gartenbach

Normalerweise schreibe ich lustige und teilweise bissige Kolumnen mit ernstem Hintergrund über ein bestimmtes Kartenspiel. Zur Abwechslung und Freude sollen es hier ernste Gedanken über Hunde sein.

Ich muss vorausschicken, dass ich den Titelhelden Lucky persönlich kenne. Ein toller Kerl – auch wenn mein Sakko unsere erste Begegnung nicht überlebt hat.

Udo Gartenbach

Ein toller Kerl ist im Übrigen auch sein Herrchen. Sehr geradeaus, sehr zielgerichtet, sehr ehrlich und clever im Business. Nur mit den zwischenmenschlichen und zwischentierlichen Komponenten scheint es bei ihm zu

VORWORT

hapern. Seine Frau hat in der Beziehung definitiv das Sagen. Und über allem thront dann Lucky. Und das verbindet uns.

Nur dass mein Lucky Fanny heißt, ein Weibchen und 14 Monate alt ist und von einem österreichischen Bergbauernhof kommt. Ein Mischling aus überwiegend Golden Retriever (mütterlicherseits) und überwiegend Magyar Viszla (väterlicherseits); ein paar andere Rassen haben sich da wohl im Laufe der Jahre auch mit eingebracht.

Unsere lucky Fanny

Natürlich ist mein Hund der süßeste auf dieser Welt – logisch, klar, was sonst? Auch wenn das nahezu jeder behauptet, bei mir stimmt es sogar.

Und natürlich habe ich sie sensationell erzogen. Verzogen – wie manche bösen Zungen behaupten. Ich habe meinem Hund vor „Sitz" und „Platz" erst einmal Kartenspielen und Nach-Leckerli-Springen beigebracht. Das macht ihr auch irgendwie mehr Spaß. Und das hat sie sehr schnell und auch wissbegierig gelernt.

Ich setze voller innerer Überzeugung bei allen Erziehungs- und notwendigen Beibringungsmaßnahmen auf Belohnung. Und Zuneigung. Ich nenne es Management by Love. Anders sollte man ein gleichwertiges Familienmitglied auch nicht behandeln; und genau das ist unser Hund. Ein vollwertiger Teil der Familie. Natürlich gibt es (wie bei allem in der Verwandtschaft) extrem nervige Dinge, wie anfangs viermal in der Nacht Gassi gehen oder

Von Udo Gartenbach

wichtige Geschäftstermine platzen lassen, weil das Hündchen hustet und man sofort, am besten mit Blaulicht, zum Tierarzt muss. Aber da muss Mann durch, und ein dankbarer Blick aus großen braunen Hundeknopfaugen entschädigt für nahezu jegliche Entbehrung.

Nachts durchzuschlafen wird auch gerne überschätzt. Der Hund macht es schließlich auch nicht. Und er zahlt dein mit lautem Fluchen „Aus-dem-Bett-hangeln" mit bedingungsloser Liebe, mit freudigem Schwanzwedeln und mit einem schier unerschütterlichen Vertrauen ins Herrchen zurück. Zumindest bildet man sich das ein, in Wirklichkeit ist es wohl eher ein einfaches „Um-den-kleinen-Finger-wickeln" seitens des Vierbeiners.

Ich weiß, dass das Zauberwort in der Hundeerziehung „Konsequenz" heißt. Natürlich weiß ich das, ich habe schließlich die gesamte deutschsprachige Lektüre dazu gelesen. Nur ist das mit meiner konsequenten Grundhaltung manchmal, teilweise sogar meistens ein Problem. Und natürlich bekommt der Hund das mit und setzt dann seinerseits konsequentes Handeln um.

Aber unterm Strich zählt für mich persönlich: Hauptsache, der Hund ist lucky, auch wenn er, sprich sie, nicht Lucky heißt. Dann ist Herrchen auch lucky. Oder, wie mich zuletzt ein mir gänzlich Unbekannter auf der Straße angesprochen hat: „Ist das ein toller, hübscher Hund. Dem sieht man an, dass er geliebt wird."

Ja, das Zusammenleben mit meinem Hund ist total einfach und harmonisch, wenn ich genau das mache, was sie will. Und im Prinzip stelle ich immer häufiger fest, dass sie ja hören will – manchmal. Und manchmal halt etwas weniger. Aber ab und zu folgt sie natürlich auch. Wenn nicht gerade Rehe, Kaninchen, Katzen oder andere Hunde in der Nähe sind. Oder diese unverschämten Vögel, die es wagen, einfach wegzufliegen. Blöde Tiere. Und sie hört wirklich gut, wenn nicht gerade andere Menschen oder Leckerlis in der Nähe sind. Und wenn sie hören will, dann klappt das schon wirklich gut mit dem Hören. Wenn sie das will!

ICH MACHE MIR DIESE WELT UNTERTAN ...

Vorwort

Das sind dann die besonderen Momente im Leben eines Hundeherrchens. Und, wau, davon gibt es immer mehr.

Habe ich eigentlich schon erwähnt, dass ich meinen Hund toll finde?

(Udo Gartenbach ist Deutschlands bekanntester Poker-Kolumnist und Buchautor. Zusammen mit Frau, Kind und dem oben beschriebenen Hund lebt er in Hamburg.)

Kapitel 1
Kino im Kopf

Hallo Welt, hier bin ich!

Kapitel 1

Vor der Anschaffung eines Vierbeiners hat man ein Bild im Kopf. Der Hund, dein treuer Freund, läuft gehorsam neben dir her, schaut ergeben auf zu Frauchen und Herrchen, hört aufs Wort und macht genau, was man möchte. Wir gehen hoch erhobenen Hauptes durch die Straßen der Stadt und durch den Wald und sind ein Herz und eine Seele, haben gemeinsam Spaß und trotzen gelassen jedem Jogger und Radfahrer. Bei dem Wort „Pfui!" beendet der Hund sofort das Trinken aus der Pfütze und bei „Fuß!" läuft er gehorsam exakt neben meinem linken Hosenbein her.

„Sitz!" und „Platz!" führt der Hund mit Freude aus, und nach einigen Wochen kann er 90 Kommandos wie aus der Pistole geschossen. Wenn wir am Münchner Flughafen stehen, dann erträgt er gelassen jede Hektik und jeden Lärm. Nachmittags laufen wir spielend und lachend über Wildblumenfelder und erfreuen uns aneinander und an der Natur. Ach, und übrigens, das Ziehen an der Leine kennt der Schützling im Geiste nicht einmal vom Hörensagen.

Abends, nach einem gemeinsamen ereignisreichen Tag, liegt unser neuer Freund ergeben zu unseren Füßen, und wenn wir richtig gut gelaunt sind, dann darf Hundilein auch mal aufs Sofa und weiß diese ganz besondere Situation wirklich zu würdigen.

Mit all diesen schönen Bildern im Kopf kann man gar nicht mehr anders, man will einen Hund, nein, man kann sich ein Leben ohne Hund schon gar nicht mehr vorstellen.

Nachdem nun klar ist, dass in unserem Haushalt bald ein Vierbeiner unser Leben bereichern soll, stellt sich die Frage: Welche Rasse soll es denn sein? Also rein ins Internet und dann schauen wir mal. Hmm, nein, es soll schon ein Hund sein, der irgendwie was darstellt, irgendwie auch groß ist, ein echter Hund eben, vielleicht Kniehöhe plus X.

Im Internet finde ich Hunderte von Rassen, und die meisten kenne ich nicht

Kino im Kopf

mal vom Namen her. Oder kennen Sie einen Shih Tzu? Oder einen Puli? Der hat übrigens wirklich Ähnlichkeit mit einem Pulli – wo er bellt, muss einfach vorne sein, ansonsten nur langes Fell. Sorry an alle Puli-Besitzer, der ist wahrscheinlich ein total lieber Hund.

Sofort ins Auge springt mir der Neufundländer. Wer den Hund googelt, wird einige ziemlich coole Fotos finden, z.B. wie er sich aufgerichtet nach unten beugen muss, um sein Frauchen abzuschlabbern. Der hätte auch ein Wesen, das mir persönlich sehr entgegenkommen würde: eher eine Couch-Kartoffel, die ausgiebiges Gassi gehen für überbewertet halten soll. Nur, er sabbert ganz offensichtlich ziemlich. Das könnte ein Problem werden, denn Hund soll ja auch mit ins Büro. Und ich weiß nicht, wie unsere Buchhaltung reagiert, wenn alle Ordner unter der 180-cm-Höhenmarke mit weißem Glibber veredelt sind.

Natürlich gibt es in Deutschland für fast alle Rassen einen Verband, Vereine und sonstige Internetseiten. Dort findet man viele Tipps und Bilder, und jeder Verband lobt natürlich seine Rasse. Familienfreundlich ist scheinbar jeder, außer der Peruanische Nackthund, der eher lauffreudig und verteidigungsbereit sein soll.

So gut wie alle Rassen sind laut Beschreibung treu, kinderlieb, anhänglich, wachsam und freundlich. Na, so groß scheinen die Unterschiede dann ja nicht zu sein.

Selbst Bullterrier werden da als „freundlich und selbstbewusst" dargestellt, als Nicht-Hunde-Kenner war mir die Rasse eher als Kampfhund bekannt.

Stutzig sollte der zukünftige unbedarfte Hundehalter werden, wenn er Beschreibungen liest wie „kein Ersthund", „konsequente Erziehung ist notwendig" oder „sehr selbstbewusst". Das ist eher eine Art

> *Angehende Neuhundebesitzer sollten sich vor dem käuflichen Erwerb eines Welpen um fachmännische Hilfe bemühen. D.h. man fragt, bevor man sich einen Hund ins Haus holt.*

ICH MACHE MIR DIESE WELT UNTERTAN ...

KAPITEL 1

Codierung für schwierigere Fälle, ähnlich wie in einem Arbeitszeugnis oder bei der Beschreibung eines Hotels an der Côte d'Azur. Meerblick kann man auch mit dem Fernglas aus 5 km Entfernung haben; und „selbstbewusst" kann man auch als schwer erziehbar und sehr dominant interpretieren.

Aber wir haben ja immer noch die Sommerwiese im Kopf, auf der wir spielend mit dem neuen besten Freund herumtollen und ein Herz und eine Seele sind. In diesem Traum darf ein Hund doch selbstbewusst sein, oder?

Schönheit liegt ja bekanntlich im Auge des Betrachters. Es gibt schon seltsame Hunderassen: Manche haben keine Haare, andere sehen aus wie ein Schaf, bei manchen hat man immer den Eindruck, dass da irgendwas mit den Proportionen aus dem Ruder gelaufen ist. Der Kopf, die Ohren oder andere Teile passen irgendwie von der Größe so gar nicht zum Rest des Tieres. Entweder eine Laune der Natur oder eine Laune der Züchter, wie auch immer. Aber das ist subjektiv und da darf einfach jeder so seine geschmacklichen Vorlieben haben – ich auch. Ich möchte jedenfalls keinen Hund ohne Haare und auch keinen, bei dem ich Angst haben muss, dass er sich beim Laufen auf die Ohren tritt.

Unsere Wahl für den Hund, mit dem wir über die Blumenwiesen fegen möchten, fällt mehr oder weniger zufällig auf den Berner Sennenhund. Mit einer Höhe von 60-70 cm gehört er definitiv in die Kategorie „Hund" und seine 50-60 kg Gewicht unterstreichen das. Wesensmerkmale wie „selbstsicher, gutmütig und freundlich" sind perfekt. „Wachtrieb, ohne dabei aggressiv zu sein" verzückt mich geradezu. Er wird den Flachbild-Fernseher also bis aufs Blut gegen Diebe verteidigen, ohne dabei böse zu werden. Wie mag er das nur machen? Auslauf ist bei uns überhaupt kein Problem, von Wald und weitläufigen Blumenwiesen haben wir zum Glück mehr als genug.

Laut Wikipedia ist der Berner Sennenhund selbstsicher. Welche Untertreibung. Ich habe in meinem Leben noch nie ein Lebewesen kennengelernt, das so angst- und schmerzfrei ist. Er hat keine Furcht, vor nix und niemand.

Kino im Kopf

Egal wie groß oder klein, furchteinflößend oder laut etwas ist, er geht erst mal drauf los. Große laute Industriestaubsauger werden gnadenlos niedergebellt, und zwei auf ihn zulaufende Großhunde werden voller Vorfreude auf ein tolles Spielen überschwänglich begrüßt.

Aber mehr dazu später. Ein Berner Sennenhund soll ja nun unser Glück begleiten für die nächsten – hoffentlich viele – Jahre. So geht es an die Frage: Wie komme ich an das Objekt meines zukünftigen Glücks? Also wieder rein ins Internet und schauen, wer solche Hunde verkauft.

Hurra, es gibt eine ganze Reihe von Züchtern, die man in maximal einer Stunde erreichen kann. Also schauen wir, wo in Bälde Tiere verfügbar sind. Unsere Wahl fällt auf eine Züchterin aus der Nähe, die in einigen Wochen Welpen abgeben möchte. Also anrufen, Termin vereinbaren und nix wie hin!

Oh Gott, sind die alle süß! Haben Sie schon mal in die Augen eines Welpenknäuels geblickt? Viele große Glubschaugen schauen Sie erwartungsvoll an und signalisieren: Nimm mich! Ich bin dein Buddy, ich bin immer für dich da und du doch auch für mich, oder? Wir werden ein Hundeleben Spaß zusammen haben! Nimm mich! Und es passiert das Unvermeidliche, einer krabbelt auf einen zu und schon denkt man: Oh, der hat mich ausgewählt. Der oder die ist es... So spielt man eine halbe Stunde mit dem Hundeknäuel und kann sich überhaupt nicht mehr trennen.

Als Mann (Mann!) wählt man natürlich einen Rüden (du bist mein zukünftiger Kumpel) und sucht sich instinktiv auch noch einen agilen Welpen aus. Die Züchterin (ich hab in meinem Leben noch nie mit Hundezüchtern zu tun gehabt) macht einen guten Eindruck, und eine Stunde später unterschreiben wir einen Kaufvertrag. Diese Knopfaugen des letzten verfügbaren Rüden können einfach nicht lügen! Die Anzahlung ist sofort fällig, und natürlich schließt der Vertrag alle üblichen Regressansprüche aus. Egal, die Knopfaugen,

> *Bitte den Hund bei seriösen Züchtern kaufen und nicht so genannte Hundefabriken unterstützen!*

ICH MACHE MIR DIESE WELT UNTERTAN ...

Kapitel 1

der superliebe letzte Rüde... Wir unterschreiben und bezahlen. Und zwei Wochen später dürfen wir das Hundilein abholen. Was ich damals noch nicht wusste: Wir hätten diese zwei Wochen unseres „normalen" Lebens eigentlich nochmal so richtig genießen sollen. Denn danach haben sich ein paar recht signifikante Dinge geändert.

Die Tage vor dem Abholen des Buddys sind gekennzeichnet von – im Nachhinein betrachtet – völlig sinnfreien Einkäufen. Welpenfutter nass und trocken, Halsbänder (mehrere natürlich), Hundeleinen, Hundekorb XXXL (besser man nimmt gleich zwei davon), Hundespielzeug aller Art und so weiter und so fort. Ich vermute, die meisten Hunde-Neubesitzer machen diesen Aufstand und bekommen vom Start weg die silberne Kundenkarte von Hundezubehör-Versandhändlern im Internet. Na, egal, wir sind mittendrin und völlig euphorisch.

So kommt also der große Tag, an dem Hundilein abgeholt werden kann. Nicht nur, dass wir Unmengen Futter und Spielzeug haben, die gut gelaunte Hundeverkäuferin gibt uns noch ein Survival-Pack mit auf den Weg, mit dem das Hundilein locker ein paar Wochen überleben könnte. Und ein paar Tränen kullern bei der Verkäuferin, die unbedingt Bilder von seiner Entwicklung haben möchte. So übernehmen wir also, ich als Autofahrer und meine Frau daneben mit Hundi auf dem Schoß, dem späteren „Koloss von Rhodos".

ICH, LUCKY!

Kapitel 2
Herzlich willkommen

. . . er ist ja soooo süß!

Kapitel 2

Zu Hause angekommen, kotzt sich Hundilein erstmal so richtig aus und vergisst auch nicht, sein kleines und großes Geschäft auf dem Boden im Wohnzimmer zu verrichten. Herzlich willkommen!

Aber der kleine Welpe ist doch soooo süß! Mit seinen dicken tapsigen Pfoten läuft er mehr oder weniger hilflos hin und her und sehnt sich laut jaulend wahrscheinlich einfach nur nach seinem alten Zuhause mit all den Geschwistern und seiner gewohnten Umgebung.

Die ersten Wochen sind gekennzeichnet von einem leicht veränderten Lebensrhythmus. Man hat die Wahl: Entweder man pennt wie bisher einfach durch und beginnt den Morgen mit Reinigungsritualen (Übergebenem, kleinen und großen Geschäften) oder man passt sich dem Rhythmus des kleinen sooo süßen Welpen an, was bedeutet, dass man in der Nacht alle 2-3 Stunden aufsteht und ihm die Möglichkeit gibt, rauszugehen. Da muss jeder seinen eigenen Weg finden. Mir fällt es jedenfalls extrem schwer, vor dem ersten Kaffee und dem Frühstück kleine gelbe Pfützen, warme dunkelfarbige Häufchen und ab und zu mehrfarbige Glibbermasse, die sich wohl den Weg aus dem Magen über die Speiseröhre nach oben gebahnt hat, wegzuwischen, ohne dabei selbst einen Würgereiz zu bekommen.

So habe ich mich für mehrfaches nächtliches Aufstehen entschieden inklusive Schlafen auf dem Sofa unten. Das war im Nachhinein betrachtet vielleicht ein Fehler, war es doch schon der erste Schritt, um mich auf seine Wellenlänge zu trimmen.

In den ersten Wochen macht mein Hund sein Geschäft am allerliebsten auf einem Teppich. Leicht zu reinigende Fliesenböden, Parkett oder Laminat erscheinen ihm aus welchen Gründen auch immer als gänzlich ungeeignet. Herzlichen Dank auch, aber er ist ja sooo süß.

Abgesehen davon, dass ich morgens gerädert und unausgeschlafen ins Büro fahre und mich zum Teppichreinigungsexperten entwickle, ist aber

Herzlich willkommen

doch vieles so, wie ich mir das vorgestellt habe. Er rückt keinen Zentimeter von unserer Seite, freut sich überschwänglich, wenn wir uns mit ihm beschäftigen, wedelt aufgeregt mit dem Schwanz, wenn man mal kurz ohne ihn vor die Tür geht – wir sind ein Herz und eine Putz-Seele.

Hundilein hat genauso wie wir zwei Zuhause. Einmal dort, wo wir wohnen, mit viel Wiesen, Feldern und Wald drum herum, und das Büro, wo Kollegen, Kunden und Lieferanten den ganzen Tag Action verbreiten.

Kommen wir zur Namensgebung. „Hundilein" klingt ja ganz nett, aber der liebe Welpe braucht natürlich einen richtigen Namen. In einer Abstimmung und nach viel Hin und Her wird Hundilein feierlich auf den Namen LUCKY getauft. Vielleicht nicht gerade kreativ, aber es ist einfach ein schöner Name für einen glücklichen Hund.

In unserem Haus leben mehrere Katzen. Lucky hat einen tierischen Spaß daran, so schnell es ihm eben möglich ist mit den viel zu großen tapsigen Pfoten, auf die Miezen loszustürmen, die dann fauchend und schreiend einen sicheren Platz suchen.

Im Gegensatz zu mir entwickeln die Katzen aber ganz schnell Taktiken, um mit der neuen Monster-Situation fertig zu werden.

Fluffy ist unser ältester Kater und etwa neun Jahre alt. Körperlich und charakterlich könnte er die reale Vorlage für Garfield sein. Mittlerweile ist er so dick, dass ich immer fürchte, er bleibt irgendwann mal in der Katzenklappe stecken. Aber irgendwie schafft er es immer wieder, sich da durchzuwinden. Jedenfalls denkt Fluffy nach einigen Tagen überhaupt nicht mehr daran, sein Terrain kampflos an den neuen großen Fellbatzen abzutreten. Als Lucky wieder einmal auf ihn zu stürmt, bleibt er einfach stehen, hebt die Pfote und knallt dem Hund richtig eine über die Nase. Der bleibt mehrere Sekunden völlig erstarrt stehen, fängt an, gotterbärmlich zu jaulen und – ich kann's nicht fassen – zu hinken! Der Kater hat ihn doch nur an der Nase er-

ICH MACHE MIR DIESE WELT UNTERTAN ...

Kapitel 2

wischt? Jaulend verkriecht er sich hinter Frauchen, während der Kater sich nur kurz die Pfote leckt und gemächlich hoch erhobenen Hauptes von dannen zieht.

Mini-Me ist eine kleine, zierliche junge Katze, die den Großteil ihres Lebens auf Kratzbäumen verbringt. Jedes Mal (und wirklich jedes Mal), wenn der Hund am Kratzbaum vorbeikommt, haut sie drauf. Irgendwas erwischt sie immer: Kopf, Körper, Ohr, Schwanz, Schnauze. Auch wenn Mini-Me schläft, scheint sie irgendwie mitzubekommen, wenn der Hund vorbeiläuft. Selbst im Tiefschlaf fährt automatisch eine Pfote aus und stochert und haut nach Lucky. Ein sehr interessantes Bild, wenn ein größer werdender Hund in Demutshaltung mit eingezogenem Kopf an Kratzbäumen vorbeischleicht.

Komm du nur, Fellbatzen!

Die Fronten sind da ziemlich schnell geklärt, und Hund und Katzen fressen nach einiger Zeit tatsächlich aus einem Tiegel. Genauso haben wir uns das vorgestellt! Alle Tiere verstehen sich, und wir ziehen glücklich mit unserem kleinen tapsigen Welpen, der immer seltener sein Geschäft auf dem Teppich verrichtet, über Blumenwiesen.

Mich hingegen missbraucht das kleine Hundilein. Er soll als Welpe keine Treppen steigen – wohl wegen der Gelenke. Also trage ich Lucky die Treppe rauf und runter.

Herzlich willkommen

Hey, lass noch was von dem Käse für mich

Wo immer wir sind, möchte er auch sein. Auf dem Sofa zum Beispiel. Da kommt er aber als Welpe nicht rauf. Also jault und bettelt und glubschaugt er so lange, bis wir ihn hochheben – und wenn er runter möchte, natürlich auch wieder runterheben.

Das Bett findet er auch irgendwie interessant. Wenn wir schon nachts dort drin so viel Zeit verbringen, dann möchte er da auch unbedingt rein. Also jault und glubschaugt und bettelt er so erbärmlich, bis unser Herz weich wird und wir den kleinen Welpen hochheben – runterplumpsen lernt er schnell von alleine.

Ich verkomme zum Lucky-Lifter, ein menschliches Hebe- und Tragesystem, das Lucky überall dorthin schleppt und raufhebt, wo er hin will. Ich glaube, er fühlt sich sehr wohl – und somit bin ich auch glücklich.

Wenn man sich einen großen Hund kauft, dann sind Welpen besonders komisch anzusehen. Die riesigen Pfoten passen so gar nicht zu dem kleinen Restkörper; man ahnt nur, was aus dem kleinen Ding da mal werden könnte. Die treuen Augen und die unbeholfenen Körperbewegungen ziehen andere Menschen magisch an. Ich bin in meinem Leben noch nie von so vielen wildfremden Menschen angequatscht worden, wie in den ersten zwei Monaten mit Lucky. Das Spektrum ist breit: von Leuten, mit denen

> *Die oberen beiden Absätze sind aus hundeerzieherischen Gesichtspunkten der reinste Offenbarungseid. Regeln bzw. Grenzen werden verschoben und/oder komplett aufgelöst.*

ICH MACHE MIR DIESE WELT UNTERTAN ...

Kapitel 2

ich mich richtig gut unterhalten habe, bis hin zu Menschen, vor denen ich nach kurzer Zeit unter hanebüchenen Ausreden zu entkommen versuchte.

... der Fleck da oben? War ich nicht, nie und nimmer!

Das Entkommen mit Mini-Lucky ist manchmal gar nicht so einfach. Er hat es nicht so mit dem Laufen, ist eher ein Steher. So stellt er sich ab und zu einfach hin und geht keinen Zentimeter mehr weiter. Auf meine Mitmenschen wirkt das scheinbar auch noch komisch, wenn ich inmitten einer Traube von amüsierten Menschen an der Leine gegen einen Welpen zerre; und es kam schon mehr als ein Mal vor, dass ich das Hundilein heimtragen musste. Fauler Sack!

Genießen Sie trotzdem diese Zeit! Wenn ein Welpe mit seinen paar Kilogramm an der Leine zerrt und zieht, dann steigt ein Radfahrer ab und krault

Herzlich willkommen

den kleinen Hund innig. Ein Jahr später können Sie froh sein, wenn der gleiche Radfahrer den gleichen Hund – nur 50 kg schwerer – an der gleichen Leine nicht mit „Hau ab, du Köter!" kommentiert.

Noch eine Situation, die mich immer wieder fasziniert:
Gehen Sie mit Ihrem Welpen (klein und niedlich) vor eine Metzgerei und binden ihn an. Der jault sofort los, wenn er allein gelassen wird, und bei mindestens einer Metzgereiverkäuferin brechen alle Dämme und sie gibt Ihnen ein (oder zwei) Stück Wurst für den armen süßen Kleinen – oder bringt das Würstchen sogar zum Welpen raus. Da hat Lucky wieder was gelernt: Ich jaule und bekomme was dafür! Aber er ist halt sooo süß.

Cool. Du hast ja auch Fell.

Aber es scheint nicht immer die Sonne über uns. Meine peinlichste Situation mit Klein-Lucky hat sich nach etwa zwei Monaten zugetragen.

Wir gehen – wie immer beide stolz wie Oskar – um einen kleinen See. An einer Uferseite ist ein Restaurant mit einer Terrasse und alle Tische draußen sind bei dem schönen Wetter voll besetzt. Lucky, allem gegenüber offen, rennt erst mal schwanzwedelnd an der langen Leine auf die erste Sitzreihe zu. Er wird – wie immer – gekuschelt und man hört nur verzückte Menschen sagen, wie niedlich das Hundilein ist. Die ganzen leckeren Essensdüfte scheinen bei ihm aber ein ganz anderes dringendes Bedürfnis

ICH MACHE MIR DIESE WELT UNTERTAN ...

auszulösen: Er hockt sich direkt unter einen Tisch und, ja, Sie ahnen richtig, er macht erst mal einen richtig großen und besonders appetitverhindernd riechenden Haufen.

Meine Welt!

Da schaut man dann doch in ein paar verdutzte und angewiderte Menschengesichter, und die Stimmung gegenüber Hund und Herrchen kippt ein wenig. Um die Situation einigermaßen zu retten, klaue ich mir ein paar Servietten und entferne so gut es möglich ist die braunen Überreste – bin ja geübt in dieser Handlung – und wir verkrümeln uns, Hundilein schwanzwedelnd, ich eher mit tief gesenktem Haupt.

Seitdem habe ich immer eine kleine Tüte im Handgepäck, wenn wir unter Menschen gehen.

Kapitel 3
Vom Paulus zum Saulus

Berner Garten

Kapitel 3

Ein heranwachsender Hund braucht Bespaßung; man muss ihn fordern und beschäftigen. Ein bekanntes Beispiel: Man gibt dem Hund nicht einfach ein Leckerli, nein, er muss es suchen, zum Beispiel unter einem Becher hervorholen. Lucky hat da so seine eigene Art, er haut einfach so lange auf den Becher, bis der umfällt oder kaputt ist.

Das macht er eigentlich mit jedem Spielzeug, das wir kaufen. Egal ob Bälle, Hundefrisbee oder andere Dinge aus Kunststoff oder Holz.

Der Berner Sennenhund schaut sich das Spielzeug an und bekommt einen schelmischen Blick. Irgendwie macht es Klick im Kopf und er sucht nach der besten Möglichkeit, das Spielzeug zu zerstören. Entweder mit der Pfote oder mit der Schnauze. So gut wie jedes Agility Tool, das wir kaufen, hat eine Lebenserwartung von unter einer Stunde. Die einzigen Überlebenden seiner Zerstörungswut sind ein wirklich dicker Seil-Knochen und ein Kong, dessen chinesische Kunststoff-Beschaffenheit noch der kräftiger werdenden Hundeschnauze trotzt. Alles andere hätten wir uns auch schenken können.

Am allerliebsten kuschelt Lucky mittlerweile so oder so mit den Reißzähnen. Meine Hand sieht aus, als hätte ich eine schwere Schlägerei gegen die Unterwelt nur knapp überlebt – über und über mit blauen Flecken. Meine Frau sieht nicht besser aus, hoffentlich muss sie nicht zum Arzt; der würde wegen Verdacht auf häusliche Gewalt glatt die Polizei alarmieren.

Lucky hat unterdessen die 25 kg-Marke geknackt und sieht zum Schießen aus. Der ganze Körper ist nicht so richtig gewachsen, nur die Beine haben schon die endgültige Länge. Er sieht aus wie ein Stelzenläufer. Zum Glück muss ich ihn nicht mehr die Treppen hochtragen, Sofa und Bett hat er völlig selbstständig zu seinem Revier erklärt. Aber, er ist doch immer noch ein süßer kleiner Stelzenhund.

> Man erntet, was man sät. Hund hat nun die Couch in Beschlag genommen und wird bei der nächsten Anschaffung eines Sitzmöbels sicherlich mit Ottfried Fischer bei XXXL-Hiendl Kontakt aufnehmen.

Vom Paulus zum Saulus

Beim Spielen auf der Blumenwiese hat Lucky nun die Tierwelt entdeckt. Da läuft am Horizont schon mal ein Reh über die Wiese oder ein Hase hoppelt durch sein Gesichtsfeld. Ich glaube, er hat gar keinen richtigen Jagdtrieb, es gefällt ihm einfach nur, wenn er auf andere Tiere losrennen kann und diese dann das Weite suchen.

Also nimmt er erst mal die Rehe ins Visier. Ein Berner Sennenhund (zumindest meiner) hat nicht wirklich Ausdauer und seine Beschleunigungswerte sind auch nicht gerade Porsche like. So dauert es ein wenig, bis er auf Geschwindigkeit kommt. Wenn er also völlig aufgeregt losrennt, dann schaut das Reh erstmal. Ah, da kommt was. Na, dann laufen wir mal gemütlich davon. Und ein paar Hundert Meter später sitzt der Hund dann da, hechelnd und völlig ausgepowert, und das Reh ist weg.

Noch komischer ist es mit den Hasen. Ich glaube ja, dass sich Generationen von Feldkaninchen noch heute auf die Schenkel klopfen, wenn sie über Lucky reden. So ein Feldhase ist aber auch ein Schelm. Der wartet erst einmal ziemlich lange ab, bis der Hund in der Nähe ist. Dann beschleunigt er aus dem Stand wie eine Rakete, schlägt einen oder zwei Haken und weg isser. Und Lucky schaut nur dumm aus der Wäsche, hechelt und ist mal wieder völlig fertig.

Als Hundebesitzer ruft man natürlich seinen Hund ab beziehungsweise man versucht es. „Lucky, hier!" Und noch mal etwas lauter: „Lucky, hiieer!"

Hier beginnt ein Phänomen, das wir als „Irrer Ivan" bezeichnen. Ein Blick, der völlig entfremdet, nur noch auf sich bezogen ist und die ganze Umwelt ausblendet. Ich kann dem Hund in dieser Situation sagen, schreien oder gestikulieren, was ich will, es interessiert ihn einen feuchten Kehricht.

> Um es im echten Hundeleben auf den Punkt zu bringen: Hund hat gelernt zu jagen. Hund ist es egal, ob er schlägt oder nicht schlägt – die Befriedigung zieht er allein aus dem Jagen selbst. Somit ist es egal, ob Hund hechelt oder nicht – Hund ist befriedigt. Lange Jagerei oder kurze Jagerei – Hund ist befriedigt.

ICH MACHE MIR DIESE WELT UNTERTAN ...

KAPITEL 3

Ich schreie „Lucky, hiieer!" und meine das auch so. Was sich in seiner Gedankenwelt abspielt, kann ich nur ahnen. Irgendwas zwischen „keine Zeit" und „Hey Mann, du siehst doch, ich bin beschäftigt".

Zum Glück dauert der „Irre Ivan" immer nur ein paar Minuten.

Langsam entwickelt Lucky ein Eigenleben, oder anders gesprochen: schlechte Angewohnheiten.

Der Hund will raus. Oder besser gesagt, ihm ist öde, langweilig oder ihm passt sonst mal wieder irgendetwas nicht. Also will er raus. Dann setzt er sich vor die Terrassentür und beginnt, an der Glasscheibe zu kratzen. Erst ganz leise, dann lauter, bis er seine Tatze mit Gewalt an die Scheibe haut. Irgendwann ist man es so leid beziehungsweise hat man Angst, dass er die Scheibe einschlägt, und macht die Tür auf.

> ...und zack hat man verloren! D.h. Hund hat sein Ziel erreicht und den Hundebesitzer erzogen.

Dann geht er raus und schlendert gemütlich auf eigene Faust durch die Wiesen, Felder und den Wald. Das geht ja mal überhaupt nicht! Also bauen wir einen Zaun um unser Haus, aus massivem Holz und 1,20 Meter hoch. Das wirkt, hält ihn zumindest davon ab, mal eben gemütlich und vor allem unbeaufsichtigt sein größer werdendes Terrain zu durchschlendern.

In unserem Büro ist das anders. Wir haben hinter dem Gebäude eine Fläche von etwa 200 m², mit einem Maschendrahtzaun eingefriedet. Da soll er gefälligst vormittags mal eine Stunde verbringen.

> Warum will der Hund weg? Weil selbst unbelebte Wiesen und Felder interessanter sind als Herrchen: Gänseblümchen und sonstige Grasstängel machen mehr Spaß als der humanoide Futterspender.

Der große Lucky, eigentlich stolz, angst- und schmerzfrei, heult wie ein Schlosshund, den man zum Schafott führt, sobald

ICH, LUCKY!

Vom Paulus zum Saulus

er alleine ist. Da uns sein Geheule erst mal gar nicht interessiert, fängt er an, den Maschendrahtzaun zu zerlegen. Es hat knapp zwei Wochen gedauert, bis er ein Loch durchgebissen hat und ausgebüchst ist.

> Hund hat nicht gelernt, allein zu bleiben. Solche Situationen sind vorzubereiten und nicht einfach als Trauma zu setzen.

Nun ist es aber nicht so, dass er dann zu uns kommt; da denkt er gar nicht dran. Er geht erst mal über den Hof und dann auf die kleine Straße, schaut mal gegenüber im Hotel vorbei, was der Koch heute so anbietet, beim Möbelladen nebenan, wie die Lage da so ist, und läuft zur Bushaltestelle, um zu sehen, wer gerade auf welchen Bus wartet. Bis wir das mitbekommen, dauert es einige Zeit, und bis wir ihn wieder eingefangen haben auch. Ich mag ja selbstständige Wesen, aber das geht dann doch eine Spur zu weit. Der Typ ist einfach rotzfrech.

Wie hier? Jetzt nicht, muss erst mal weiter gucken!

In der frühen Welpenphase hab ich Hundilein mal einen Deal vorgeschlagen: Er bekommt von mir Fressen und wird es immer gut haben, dafür soll er mich nicht beißen und einigermaßen machen, was ich will. Frei nach den Thesen der antiautoritären Erziehung gebe ich ihm viele Freiheiten. Irgendwie schwant mir ganz langsam, dass dieser Weg eventuell nicht ganz der optimale ist.

Lucky hat unterdessen die 40 kg-Marke überschritten. Zu meinem Unglück sind

> Siehe oben. Die stadtgewordene Blumenwiese.

ICH MACHE MIR DIESE WELT UNTERTAN …

die 40 kg kein Fett, sondern reine Muskeln und Sehnen – Hundilein ist ein echtes Powerpaket geworden und macht sich die Welt untertan.

Er heißt immer öfter auch nicht mehr Lucky, sondern „Nein, Pfui, schleich dich, hau ab, Aus, Schluss, hör auf damit". Aber Namen sind für ihn Schall und Rauch.

Ich wusste es, Sitz wird einfach überbewertet!

Auf der Blumenwiese und im Wald versuche ich meine Taktik zu ändern. Statt wild gestikulierend und rufend hinter ihm her zu rennen (ein erbärmliches Bild), drehe ich mich jetzt einfach um und verstecke mich. Dann zünde ich mir eine Zigarette an und warte. Es dauert meist so 5-10 Minuten bis er mitbekommt, dass ich gar nicht mehr da bin. Dann wird er hektisch und sucht nach mir. Wenn er mich findet, wedelt er mit dem Schwanz und freut sich – für eine Minute. Dann ist er wieder weg.

Also geht's jetzt – Lucky ist ein Jahr alt – back to the roots, zurück an die Leine. Davon haben wir ja noch aus der Grundausstattung mehr als genug. Meist gehe ich jetzt mit der 6-Meter-Schleppleine mit ihm spazieren. Das ist eine echte Kunst, die Leine immer so aufgewickelt zu halten, dass er sich nicht mit allen Beinen darin verheddert. Grundsätzlich findet der Hund die

Leinen-Gassi-Gänge einfach nur Scheiße, und das zeigt er mir auch ziemlich offen. Aber ich bin eisern.

Wenn sich dann ein Rehlein vor uns bewegt, wird's ernst. Der Koloss von Rhodos, gerade noch einen Meter neben mir, beschleunigt mit all seiner Masse. Er hat jetzt noch fünf Meter Leinenspielraum, das interessiert ihn allerdings nicht die Bohne. Ich vermute, dass er durch wochenlanges intensives Leinen-Zerr-Training einen extremen Muskelaufbau im Halsbereich hat.

Das kann noch nicht das Ende der Leine sein; da geht bestimmt noch was.

Denn er rennt mit voller Wucht bis zum Anschlag der Leine und dann passiert das eine – oder das andere. Entweder ich fange ihn ab, das sieht dann so aus, dass er aus vollem Galopp abrupt auf 0 km/h abgebremst wird und mehr oder weniger durch die Luft fliegt oder ich liege auf der Nase und er galoppiert fröhlich weiter. Mal geht's so aus, mal so.

Einer der Gassi-Wege in unserer Zweitheimat Büro geht an einem Hundetrainingsplatz vorbei. Ist das peinlich... Innen rennen Schäferhunde auf Kommando rechts, links, über Hürden, bei Fuß, machen Sitz, Platz und folgen aufs Wort. Wir gehen am Zaun entlang, mein Hundi zieht wie blöd an der Leine und will einfach nur da rein und mitspielen – oder besser gesagt mitpöbeln. Da sind die mitleidigen Blicke der Hundebesitzer aus der Hundeschule noch das Angenehmste, was mir da so entgegen weht.

Mit anderen Hunden hat Lucky keine Probleme. Er ist nicht aggressiv und akzeptiert auch (widerwillig), dass er nicht immer der Boss ist. Na also, geht

Kapitel 3

doch! Aber uns reduziert er derweil auf die Funktion eines Dosenöffners, denn die Futterdose bekommt er trotz ausgiebiger Versuche immer noch nicht alleine auf. Und mit der Kreditkarte kann er auch nix anfangen, schon gar kein Futter bestellen.

Mit Menschen hat er auch keine großen Probleme. Er ist ja von klein auf mit im Büro und kennt auch Hektik oder emsiges Treiben fremder Menschen. Morgens begrüßt er alle; leider immer stürmischer, was auch nicht jedermanns oder -fraus Sache ist. Die meisten Fremden interessieren ihn überhaupt nicht. Nur bei manchen zeigt er Reaktion.

Artgenossen

Er hat eine recht feine Nase für mehrere Arten von Menschen: Leute, die Hunde mögen, mag er in aller Regel auch. Wahrscheinlich, weil beide instinktiv aufeinander zugehen. Dann gibt es Leute, die er einfach mag oder die ihm sympathisch sind – oder vielleicht vermutet er auch einfach nur ein Leckerli in deren Hosentasche. Wie auch immer, auf die geht er erst mal schwanzwedelnd zu.

Und dann gibt es Menschen, die er nicht mag. Die kläfft er einfach an. Nach welchen Kriterien er selektiert, bleibt mir verborgen. Interessanterweise decken sich seine und meine Einschätzung recht oft, nur dass ich den Kunden und Besuchern nicht in dieser Form die Meinung geige. Mein Hund ist manchmal herrlich ehrlich.

Mini-Me – Sie erinnern sich, die kleine Katze, die den Hund immer vom Kratzbaum aus traktiert – und Lucky sind mittlerweile ein viel zu gut eingespieltes Team. Mini-Me hat so ihre Eigenheiten. Eine davon ist, dass sie grundsätzlich alles, was auf meinem Schreibtisch liegt, runter schmeißt. Zum Beispiel meine Schlüssel. Das findet Lucky interessant und schleppt alles was er auf dem Boden findet nachts raus - wenn die Terrassentür mal zufällig offen blieb - um dann genüsslich daran zu knabbern.

Ein elektronischer Autoschlüssel mag das aber nicht. Den suche ich nämlich des Morgens verzweifelt und finde ihn nach einer knappen Stunde im Garten - total zusammengekaut. Eine böse Vorahnung beschleicht mich. Nach dem Einsteigen und Motorstart gehen alle Scheiben einschließlich Schiebedach auf und lassen sich nicht mehr schließen. Leider kein Witz. Wenigstens fährt das Auto noch... So fahre ich mit offenen Fenstern und Schiebedach 30 Kilometer zum Autohändler. Zum Glück regnet es nicht. Die Mitarbeiter im Autohaus sind sichtlich amüsiert. Ich merke, wie sie hinter vorgehaltener Hand das Lachen kaum noch unterdrücken können.

Der neue Schlüssel kostet 200 Euro. Ich fange an, dem Hund einen imaginären Schuldenturm zu bauen.

Die nächste Aktion fand ich dann wirklich nicht mehr witzig. Eines Nachts hat Mini-Me meine Geldbörse erwischt und wohl mit einem kurzen Schubs auf den Boden befördert. Der liebe Hund hat sie dankbar aufgenommen und radikal zerlegt, Kreditkarten und EC-Karten total zerfetzt. Lucky hat getestet, ob man Geld essen kann. Einige Münzen hat er tatsächlich gefressen, alle Scheine (wirklich alle) zerfetzt. Führerschein? Durchgekaut. Der Personalausweis sieht aus, als hätte er in der Waschmaschine zwei Schleudergänge durchgemacht.

Da bekommt man zum ersten Mal so richtig Lust, dem großen Ungeheuer so richtig eine Watsche zu geben!

Neben Schlüsseln und Geldbeutel hat er im Laufe der letzten Monate so einiges geholt und gefressen. Medikamente zum Beispiel. Als meine Frau

ICH MACHE MIR DIESE WELT UNTERTAN ...

Kapitel 3

Mein Kissen. Das kriegst Du nicht wieder!

Grippe hatte, holte er sich die Tabletten vom Tisch und naschte davon. Also ab zum Tierarzt.

Mein Mobiltelefon hat er erwischt und zusammengekaut.

Digitalkamera: Juhu, da kann man ganz prima drauf rum kauen – und raus damit in den Garten. Wieder 100 Euro auf sein Schuldenturm-Konto.

Eine Ode an den Sessel: Kennen Sie das? Es gibt so ganz alte und ganz lieb gewonnene Möbelstücke, von denen man sich einfach nicht trennen möchte. Ich habe einen alten schwarzen Leder-Lümmelsessel. Groß, ausladend und unendlich bequem. Das war vor etwa 20 Jahren eine unglaubliche Investition, ein echter Lustkauf. Dieser Sessel hat mich bei Umzügen begleitet, da

Vom Paulus zum Saulus

habe ich drin gesessen und mir viele Folgen von „Eine schrecklich nette Familie" oder „Seinfeld" angeschaut. Da habe ich Bücher drin gelesen, später mit dem Notebook auf dem Schoß alles Mögliche zu Papier bzw. zu Word-Dokumenten gebracht.

Generationen von Katzen haben an den Seiten ihre Krallen geschärft und entsprechende Patina hinterlassen. Und dann eines Morgens dieses Geräusch, wie etwas (Hund) etwas anderem (Sessel) die Eingeweide raus reißt.

Da stehe ich nun in der Wohnzimmertür und muss mit ansehen, wie der Hund genüsslich das Polstermaterial unter den zerbissenen Lederfetzen raus rupft, Stück für Stück.

Als er mich sieht, wedelt Hundilein mit dem Schwanz, freut sich über mich und auf das bevorstehende Frühstück. Ich bin fassungslos.

Vor Kurzem war Ingrid mit Lucky beim Tierarzt. Die Behandlung ist beendet und sie gehen gerade die zwei Stufen aus dem Gebäude raus, da erblickt unser Muffel einen anderen Hund im Vorgarten. Dann überkommt ihn der „Irre Ivan" und er legt los. Ingrid am Ende der Leine liegt eine Sekunde später mit dem Gesicht nach unten auf der Wiese – da war nicht mal mehr Zeit zum Leine loslassen. Lucky, so geht das nicht, wir müssen reden!

Er entwickelt sich vom „Wir sind Buddys in der Blumenwiese"-Hund zum Problembär. Wir haben ein Monster geschaffen.

Eigentlich ist das Zusammenleben nicht wirklich schlimm. Nur mit dem Gehorsam hat er es irgendwie so gar nicht. Wenn ich sage „Sitz!", interpretiert er das eher als Frage: Jaaa, mein Herrchen, das meint jetzt wohl, ich soll mich da mal hinsetzen. Aber ich hab gerade nicht so wirklich Lust drauf, also setze ich mich – oder auch nicht. Mal schauen.

Oder abrufen: „Lucky, hier!" Da denkt er wohl: Jaaa, da ist mein Dosenöff-

KAPITEL 3

ner, der sagt, ich soll jetzt mal kommen. Aber die Blümchen hier sind so schön, und, ui schau, ein Schmetterling, und überhaupt rieche ich gerade wieder eine sehr interessante Spur, um die ich mich jetzt kümmern muss. Ich komme später!

Wir beide sind irgendwie immer noch Buddys, aber ich bin seiner. Das Miststück hat uns voll im Griff und macht, was er will.

Man (Mann) kauft Produkte, liest aber keine Bedienungsanleitungen. Nur im Notfall, wenn man vor einem Scherbenhaufen voller Schrauben und Einzelteilen sitzt und überhaupt nicht mehr weiter weiß, kramt man nach einem Handbuch. Ich bin der Meinung, dass ich neben einem schweren Hunde-Scherbenhaufen sitze und dass es an der Zeit ist, mal den Beipackzettel zu lesen.

Ich bestelle uns jetzt mal Hundeliteratur und Erziehungsbücher, insgesamt sieben Stück, frei nach dem Motto: Viel hilft viel. Vielleicht ist ja noch nicht alles verloren.

Kapitel 4
Résistance

Komisch, das Holzdings da war doch früher nicht da

KAPITEL 4

Sehen wir den Tatsachen mal ins Auge. Lucky macht, was er will. Und wir machen meistens, was er will. An diesem Bild stimmt einfach etwas nicht – und: Es gefällt uns nicht. Wir sind entschlossen, Widerstand zu leisten, ihm nicht das Hausrecht abzutreten. Schon gar nicht kampflos! So sitzen wir also da und schmieden einen Plan, wie wir einerseits die ursprüngliche Rangfolge wieder herstellen und uns dem Traum von „Best Friends" wieder annähern können. Zu unseren Füßen lümmelt Lucky, wir sprechen verschwörerisch leise und er hat nicht den Hauch einer Ahnung, was da auf ihn zukommen wird.

In den ersten Monaten hatten wir ein paar Stunden Welpenschule absolviert. Nicht besonders erfolgreich, aber an der Trainerin lag es nicht. Im Gegenteil, so manche mahnenden Worte klingen mir noch heute in den Ohren. Zum Beispiel, dass es ja süß sein mag, wenn ein kleiner Welpe gegen die Leine kämpft, aber ich mir bitte einmal vorstellen soll, wie das ist, wenn er ausgewachsen ist und 50 kg wiegt. Das brauch ich mir nun wirklich nicht mehr vorzustellen, ich weiß es! Auf Wikipedia kann man nachlesen, dass Berner Sennenhunde früher unter anderem als Zughunde eingesetzt wurden. Vielleicht hat sich diese Tätigkeit über Generationen in das Unterbewusstsein der Berner eingebrannt, denn Zerren und Ziehen ist definitiv eine seiner Kernkompetenzen.

Wir suchen Verbündete im Kampf um die Vorherrschaft im Hause. So melde ich mich bei Kerstin, unserer guten alten (jungen) Hundetrainerin. Vor ihr haben wir hundetechnisch sehr großen Respekt, denn ihre beiden Hunde sind das Idealbild eines wohlerzogenen Hundes. Wenn sie „Sitz!" sagt, dann machen die das auch. Wenn ich zu Lucky „Sitz!" sage, dann überlegt er erst mal und er macht's oder auch nicht. Wenn sie ihre Hunde im vollen Lauf abruft, gibt es durch die Vollbremsung eine kleine Staubwolke und zwei Sekunden später sitzen sie neben Frauchen. Und nicht irgendwo neben Frauchen, sondern genau da, wo sie die beiden haben will. Wenn einer bellt, kann sie das unterbinden (ist mir im Moment völlig rätselhaft, wie man einem Hund den Mund verbieten kann). Und sie ist schräg genug für uns;

mal ganz ehrlich, wer bringt seinem Hund schon bei, den Lichtschalter ein- und auszuschalten ☺. Frau Weichinger, ich will gar nicht wissen, welchen Unfug die sonst noch so draufhaben.

Jedenfalls sitzen wir nun an einem warmen Mittwochabend auf unserer Terrasse und sprechen über Lucky. Irgendwie hab ich den Eindruck, dass er weiß, dass es um ihn geht, denn er ist einfach zu brav. Als wir ihr im Laufe

Hey, da oben ist ja noch ein Planet, den es zu erobern gilt!

des Gesprächs unsere Nöte schildern und erzählen, was wir den ganzen Tag mit ihm so machen, lacht sie sich scheckig. Nicht immer offen, aber ihr Blick ist doch eher amüsiert, manchmal sogar mitleidig, und bei ein paar Schilderungen ist sie auch ein klein wenig fassungslos. Insgesamt stuft sie uns wohl als völlig ahnungslose Hunde-Verzieher mit „keine Ahnung von ir-

Kapitel 4

gendwas"-Prädikat ein. Wir sitzen da wie Viertklässler, die gerade eine Standpauke von ihrer Lehrerin bekommen, weil sie immer noch nicht drei Zahlen fehlerfrei addieren können. Recht hat sie, leider.

Von so einem Gespräch erhofft man sich als Hundebesitzer die große Weisheit. Man hängt an den Worten der Trainerin und sucht nach dem heiligen Gral, dem einen richtigen Weg, dem Schlüssel, der den Hund – oder uns – so schaltet, dass alles gut wird, nach der Weisheit, die unsere Hunde-Beziehung ganzheitlich ändert.

Pustekuchen! Wir lernen als Erstes, dass der heilige Gral der Hundeerziehung eine Legende ist. Jeder Hund ist anders, und auch jedes Herrchen und Frauchen, genauso wie die ganzen Lebensumstände verschieden sind. Doch es kommt noch schlimmer. Hundeerziehung 1.0 haben wir ja mal so richtig versemmelt.

Wenn wir nun in Hundeerziehung 2.0 einsteigen wollen, dann wird das ein laaaanger und steiniger Weg. Nicht für Lucky, der ist als Hund ziemlich anpassungsfähig. Nein, für uns wird es ein harter Weg! Umdenken ist angesagt, Nachhaltigkeit und Konsequenz, nicht nachgeben, Lebensgewohnheiten umstellen, mehr Zeit für den Hund aufbringen. Schluss mit lustig, Schluss mit Waldorf-Erziehung und antiautoritären Kaffeekränzchen-Diskussionen. Härte zeigen und dem Hund Grenzen setzen! Hier wird jetzt hart gearbeitet, hier werden keine Räucherstäbchen aufgestellt, um Hundilein milde zu stimmen, nix mit Hundenäpfe nach Feng Shui ausrichten – alles Mumpitz. Keine Wasseradern suchen, auf die sich der kleine Welpe nicht legen soll, ab jetzt herrscht Law and Order!

Pffff, hart! Da blickt man in die tiefbraunen großen Augen von Hundi und soll ab sofort den Drillsergeant mimen.

Parallel haben wir im Internet nach Mitteln, Wegen und Hilfen gesucht, einen Hund zu erziehen. Da gibt es schon ein paar Tools, die sehr verführerisch sind. Das Schweizer Halsband ist ja schön, aber eigentlich nur teuer und sinnlos. Da gibt es Halsbänder in Kettenform, die sich zusammenziehen, wenn der Hund an der Leine zerrt. Interessante Erfindung, sicher von einem handwerklich begabten Hundebesitzer, der wohl auch einen Hund Typ Lucky hatte. Dann gibt es Halsbänder, die haben Stacheln nach innen. Da zieht Hundilein wohl nicht mehr so gerne dran. Und es gibt ferngesteuerte Systeme. Über mehr als 3 km Entfernung sollen die funktionieren. Mit Vibration bis hin zur „Turbo Booster Funktion", bei deren Auslösung Hundilein wahrscheinlich einen Meter über dem Boden um sein Leben zuckt und an einen extraterrestrischen Angriff glaubt. Seltsam nur, dass auf diesen Internetseiten kein Impressum ist... Wohl nicht so richtig legal. Aber ich will ja Hundilein auch nicht einen Meter über dem Boden fliegen sehen – und aus 3 km Entfernung sehe ich Lucky so oder so nicht. Auch wenn es Situationen gibt, in denen ich mich so richtig nach dem Turbo Booster sehne...

... es sei euch erlaubt, mir ein Schweinsohr zu bringen. Jetzt!

Turbo Booster hin, Stachelhalsband her, wir entscheiden uns für den harten Weg. Wir wollen die Hundeerziehung 2.0 auf die harte Art stemmen, ohne technische Hilfsmittel, nur mit unserem Willen, mit Geduld, Konsequenz und Verständnis.

Kapitel 4

Lesson 1: Beobachte deinen Hund

Es geht ganz unspektakulär los. Wir sollen einfach nur unseren Hund bewusst beobachten. Was er tut, wann er was tut und wann er versucht, uns zu konditionieren. Eine interessante Lektion. Wenn ich Lucky beobachte, dann beobachte ich einen Hund, der mich beobachtet. Unglaublich, ist mir nie so aufgefallen. Er hat irgendwie immer ein Auge auf uns, direkt oder indirekt. Wenn wir uns bewegen, schaut er uns zu. Wenn wir agieren oder reagieren, er beobachtet uns. Direkt oder aus den Augenwinkeln. Dieses Miststück registriert jede unserer Bewegungen.

Wenn er versucht, uns zu einer bestimmten Handlung zu bringen, sollen wir gegensteuern.

BEISPIEL: Lucky ist es langweilig oder ihm passt gerade mal wieder was nicht. Er will raus, kratzt an der Scheibe zur Terrassentür. Wir ignorieren ihn, von mir aus kann er die Scheibe auch eintreten. Wenn er sich dann vor die Tür legt und Ruhe gibt, lassen wir ihn raus. Der große Unterschied zu früher: Wir reagieren nicht auf seine Rüpeleien, sondern wir agieren, lassen ihn raus, wenn wir es wollen – nicht wenn er es will. Jaaa, die ersten Schlachten sind geschlagen und zu unseren Gunsten ausgegangen.

Oder Gassi gehen: Ich ziehe mir die Schuhe an und er wird völlig hysterisch. Da ziehe ich mir die Schuhe erst mal wieder aus. Schluss mit lustig! Dann wieder von vorne, aber ich lege ihm die Leine an. Lucky, völlig im Gassi-Rausch, will raus. Nur ich nicht, also Leine wieder runter. Und Lucky ist ziemlich frustriert. Ich fange an zu bestimmen, wann wir rausgehen und wann nicht.

Ein Berner Sennenhund kann ziemlich komische Töne von sich geben – eine Mischung aus winseln, bellen, quietschen und viel Freude zeigen bis hin zum Knurren. Alles egal, ab jetzt bestimmen wir die Taktfrequenz und wann wir was machen. Nicht ganz einfach für Lucky, denn der ist nun so richtig verwirrt. Sein Dosenöffner scheint einen eigenen Willen zu entwickeln, und das passt so gar nicht in sein Weltbild.

Seine Rache folgt auf dem Fuße. Am Tag 1 war ich noch völlig euphorisch und dachte, Lucky lernt schnell. Von wegen! Hundilein denkt im Traum nicht daran, seine Position als Nummer 1 aufzugeben. Der Gassi-Gang heute Morgen war schlichtweg die Hölle. Eine Aktion von ihm hasse ich. Damit meine ich nicht, dass ich die Aktion schlecht finde oder nicht mag, nein, ich hasse sie! Die Blutgrätsche von hinten. Lucky hat mit seinen über 40 kg die Angewohnheit, von hinten in meine Beine zu grätschen. Nicht liebevoll, nicht irgendwie nett oder lustig, sondern so wie ein Abwehrspieler den Stürmer kurz vor dem Strafraum so richtig umnietet. Er kommt in vollem Galopp von hinten angesprungen und versucht, mir im Lauf ein Bein umzulegen. Und ich bin mir sicher, dass er weiß, wie sehr ich diese Situation hasse. Und er macht das nicht nur einmal. So war unser „Lucky, wir gehen auf die Blumenwiese"-Gassi-Gang für beide die Hölle. Für mich, weil er permanent versuchte, von hinten in mich reinzugrätschen, und für ihn, weil ich ihm ziemlich laut und deutlich sagte, was ich davon halte. So gingen wir letztlich schweigend nebeneinander und ohne uns eines Blickes zu würdigen zurück ins Haus. „Hau bloß ab und mach das nie wieder", schimpfe ich, und sein Blick sagt so ziemlich dasselbe zu mir.

Das Arbeiten mit einer Hundetrainerin hat eigentlich gar nicht so viel mit Hundeerziehung zu tun. Der Hund kann nicht wirklich was dafür, dass er so ist, wie er ist. Er ist ein Produkt der Erziehung oder, wie in unserem Fall, der Verziehung durch sein Herrchen und Frauchen. Eigentlich erzieht ein Hundetrainer nicht den Hund, sondern den Hundehalter.

Unsere Hundetrainerin ist wie Lucky, wenn er jemanden nicht mag, eben herrlich ehrlich. Hundi ist ein Hund, keine Katze, kein Kind, kein Kumpel, sondern einfach nur ein Hund. Der lebt nun einmal im Rudel und will ausprobieren, wo er steht. Da gibt es einen Boss, der sagt, wo es lang geht, eine klare Ordnung, wer das Sagen hat und wer nicht. Ein Hund denkt

KAPITEL 4

schwarz/weiß, gut und böse, richtig und falsch – und sonst gar nichts. Und bei uns ist er sich im Moment noch sehr sicher, dass er der Rudelführer ist.

Im nächsten Schritt sollen wir endlich mal aufhören, den Klangteppich zu spielen: „Lucky, komm!", „Lucky, hier!", „Lucky, Platz!", „Lucky, Sitz!", Lucky dies und Lucky das, Lucky hör auf damit und so weiter und so fort. Wir sagen so viel zu Lucky, dass er gar nicht mehr weiß, was das alles bedeuten soll. Und – es ist ihm mittlerweile auch scheißegal. Also: Aufhören mit den andauernden Lucky-hier-und-Lucky-da-Ansagen, dagegen ist der Hund schon völlig abgestumpft. Weniger und viel klarer ist mehr.

Jetzt bekommen wir erste größere Handlungsanordnungen. Lucky hat drei Futtertiegel. Einen für Trockenfutter, da ist natürlich immer Futter drin – Hundilein soll ja nicht Hunger leiden in unserer Überflussgesellschaft. Ein zweiter Tiegel ist für Nassfutter oder für Kartoffeln, Nudeln, Leberkäse oder was sonst gerade so abfällt für das liebe große Monster. Und ein dritter ist immer mit Frischwasser gefüllt.

Zwei von drei Näpfen sind mit sofortiger Wirkung ersatzlos gestrichen. Armer Hund! Raten Sie mal, was bleibt… Genau, das frische Wasser wird er in Zukunft noch aus dem Napf sabbern dürfen. Trockenfutter: Ab sofort ist dieser Napf ersatzlos gestrichen. Nassfutter: Genau das Gleiche, Napf abspülen, abtrocknen und weg damit in den Schrank.

Früher begann unser Tagesablauf in etwa so: Aufstehen und ab ins Badezimmer. Das Bad ist der einzige Raum, in den Lucky nicht rein darf. Durfte er noch nie und wird er auch in Zukunft nicht dürfen. Ich will einfach keinen pöbelnden Hund in der Dusche.

Lucky findet, dass dies eine impertinente Ausgrenzungshandlung von uns ist. Wahrscheinlich denkt er, dass aus dem Wasser-

> Wenn wir ihm nichts aus der Hand geben, hat er nur die Alternative, sich per Anhalter zum nächsten Fast Food Restaurant durchzuschlagen. Der Hund soll seine Abhängigkeit vom Halter live erleben und im Idealfall auch verstehen.

ICH, LUCKY!

hahn Leberwurst fließt, die wir nicht mit ihm teilen wollen, oder Milch, die wir ihm nicht gönnen. Jedenfalls will er da auch rein, in diesen geheimnisvollen Raum, in dem es vor leckeren Köstlichkeiten nur so wimmeln muss. So jault er vor der Tür und gibt sehr komische Töne von sich. Wir reagieren natürlich nicht, und er fängt irgendwann an, mit der Pfote an der Tür zu kratzen. Die sieht nach etwas über einem Jahr sehr renovierungsbedürftig aus. Irgendwann gibt er auf und legt sich breit vor die Tür, sodass jeder über ihn stolpern muss. Das Ritual wiederholt sich sieben Tage die Woche, 365 Tage im Jahr.

Wenn ich dann endlich rauskomme, ist Luckys Ruhepuls bei deutlich über 170. Jetzt gibt es Frühstück. So stolpere ich mit 1-2 angedeuteten Blutgrätschen von hinten die Treppe runter Richtung Küche. Unten angekommen, muss er sich ein wenig anstrengen: Elegant umgeht er den Kratzbaum, auf dem Mini-Me liegt und schon die Krallen schärft. Vorbei an Fluffy, dem dicken Kater, der seelenruhig dasitzt und seine Pfote hebt – allerdings nicht zum Gruß; die Geste ist wohl eher als Mahnung gedacht.

Als Erstes bekommen immer die Katzen ihr Essen. Das liegt daran, dass unsere Katzen schon immer das Frühstück als Erste erhalten haben und sehr verärgert reagieren, wenn das mal nicht so ist. Vor allem Mini-Me, die krabbelt nämlich sofort die Hosenbeine hoch, um auf der Anrichte die Leckerli-Lage zu peilen. Das ist im Sommer mit Shorts ein recht schmerzhafter Einstieg in den Tag.

Dann bekommt der Hund sein Frühstück, der hat mittlerweile einen Ruhepuls von 190 und blutgrätscht und pöbelt um meine Beine herum. Wenn er dann sein Trockenfutter, sein Nassfutter mit Nudeln oder Reis und geriebenen Möhrchen (oder anderem Gemüse der Saison) und sein frisches Wasser vor sich hat, kehrt für einen kurzen Moment so etwas wie Ruhe ein in unserer Küche.

Da gönne ich mir dann einen schönen Pott Kaffee und ein Zigarettchen.

ICH MACHE MIR DIESE WELT UNTERTAN ...

Kapitel 4

Damit ist nun Schluss. Der neue Morgen beginnt wie immer: Die Katzen werden gefüttert und ich gehe zur Kaffeemaschine und mache mir eine große Tasse Kaffee. Währenddessen pöbelt Hundilein um meine Beine. Für sein Rumpöbeln belohne ich ihn auch gleich mal und stelle ihm einen leeren Napf neben seine Frischwasserschale. Der schaut rein, dann mich an, dann wieder in den Tiegel und wieder zu mir. Daneben schnurrt Fluffy satt vor sich hin und hebt die Pfote in Richtung Hund.

Lucky glaubt wohl, ich habe ihn einfach nur vergessen, und versucht, meine Aufmerksamkeit zu bekommen: mit rumschubsen, an mir hochspringen, der obligatorischen Blutgrätsche von hinten, bellen und jaulen und einigen weiteren komischen Tönen – kurzum er zieht alle Register. Heute reagiere ich aber nicht mit „Lucky nein, Lucky Ruhe, Lucky Sitz, Lucky leg dich und Lucky hau ab!", sondern erst mal gar nicht. Soll er mal machen, für mich ist es erst mal Zeit für einen weiteren dampfenden Kaffeepott.

Dann hole ich das Trockenfutter und biete ihm ein kleines Stück Futter aus der Hand an. Glück gehabt, er hat sich wirklich nur das kleine Trockenfutter-Stückchen geholt und meine Finger dran gelassen. So gibt es heute Morgen eine Handvoll Trockenfutter und wir gehen spazieren.

Lucky glaubt immer noch an einen tragischen Irrtum bezüglich des Frühstücks und bietet mir an, dieses unverschämte Versäumnis meinerseits wiedergutzumachen.

Er legt sich neben den leeren Napf der Länge nach hin und seufzt. Wenn 45 kg Lucky seufzen, dann ist das nicht nur sehr laut, sondern auch sehr herzzerreißend. Dazu hebt er immer wieder die Augenbrauen und glubschaugt zu mir hoch. Mit dieser Taktikänderung seinerseits hätte er mich fast geschafft. Ich komme mir vor wie ein Kohlegrubenbesitzer, der 7-Jährige für 15 Stunden in den Stollen schickt, dabei eine kubanische Zigarre raucht und den Kleinen hinterher ein paar Brotkrumen auf die schmutzige Erde wirft, um die sich die Ausgemergelten dann prügeln müssen.

ICH, LUCKY!

Aber ich kann doch nicht nach nur einer Stunde aufgeben und kapitulieren. Ich spule den Film noch mal zurück zu der Stelle, wo er rumpöbelt und gierig an mir hochspringt, dann geht's mir etwas besser. Ich bleibe hart und komme mir dabei trotzdem total schlecht vor. Es ist eine Prüfung, und die muss ich bestehen. Lucky, pöble doch bitte etwas rum, damit meine Gewissensbisse nicht zu groß werden!

Während des Tages bekommt Hundilein immer mal wieder ein wenig Trockenfutter aus der Hand. Der Tagesablauf des neuen Ein-Napf-Hundes wiederholt sich die nächsten zwei Tage. Er pöbelt ein bisschen mehr als sonst und versucht auch, die Mitleidsschiene mit Seufzen und Glubschaugen immer wieder gekonnt in den Tag zu integrieren.

Hundilein klaut. Er klaut gerne und er klaut viel. Nicht nur die Dinge, die Mini-Me von meinem Schreibtisch wirft, er ist vielseitig interessiert. Es gab eine Zeit, da hatte ich nur noch zwei komplette, unbeschädigte Paar Schuhe, die ich wie Gold oben auf einem Schrank gehütet habe.

Gehen Sie mal in das Schuhgeschäft Ihres Vertrauens. Sehr geehrte Verkäuferin, vor vier Wochen habe ich genau diese Schuhe dort in Größe 43 gekauft. Ich bräuchte jetzt ein Ersatzteil, eigentlich einen Ersatzschuh, den linken, wenn's irgendwie möglich wäre. Ich überlasse das Ende dieser Geschichte Ihrer Fantasie.

Die Masche von Lucky ist immer die gleiche. Er guckt sich was aus, dann kommt der „Irre Ivan"-Blick, er schnappt sich das Beutestück und schleppt es in den Garten. Wenn wir dann hinterherrennen, ist sein Glück perfekt. Er denkt nicht im Traum daran, unseren Befehlen zu folgen oder seinen Schatz wieder herzugeben. Spielen will er aber auch nicht damit, also macht er es kaputt. Leere und volle PET-Flaschen, DVD-Hüllen mit Inhalt, Taschenrechner, Kissen, Decken, Tüten mit und ohne Inhalt und so weiter und so fort. Aber am allerliebsten holt er sich Fernbedienungen. Mit Glück sind nur Kauspuren daran, meist ist es jedoch ein Totalschaden.

KAPITEL 4

Vor jedem Rasenmähen mache ich einen Kontrollgang mit Müllsack, denn kein Mähwerk überlebt die Summe der Teile, die dort im Gras liegen.

Aber er klaut kein Essen vom Küchentresen, das hat er noch nie gemacht. So bereiten wir am Abend von Tag 3 der Hundeerziehung 2.0 unser Schnitzel Wiener Art vor, mit leckerer Panade und Pommes dazu. Die Pfanne ist noch nicht heiß, wir gehen ins Wohnzimmer und Lucky bleibt in der Küche.

Irgendwann geht Ingrid dann zurück in die Küche – und staucht das arme Hundilein so richtig zusammen. Hat sich der Lümmel doch glatt ein rohes Schnitzel mit leckerer Panade geklaut und schleckt sich noch genüsslich die Schnauze.

Nach vier Tagen Hundeerziehung 2.0 müssen wir resümieren: Es ist wirklich hart. Man muss sehr konsequent sein. Vor allem, wenn er seinen treuesten aller Hundeblicke aufsetzt und sich nach dem doch so bewährten 3-Schüssel-System sehnt.

Und es ist ein Kampf gegen die eigene Faulheit und Bequemlichkeit. Mal schnell rauslassen, wenn er scharrt, ist nicht gut, aber bequem. Aussitzen und Gegensteuern schon auswändiger. Futter in die Schüssel kippen ist einfach, 1 kg Futter aus der Hand Stück für Stück füttern kostet Zeit.

Bei dem ganzen Aufwand wäre es doch schön, wenn man dafür belohnt wird. Er könnte sich doch mal hinsetzen, wenn ich „Sitz!" sage, und mit dem Schwanz wedeln. Oder bleiben, wenn ich „Bleib!" sage. Oder kommen, wenn ich mal wieder draußen „LUCKY, HIEEER!" hinter ihm herrufe. Oder er könnte mich wenigstens mal anschauen, wenn ich mit ihm rede. Ich finde es sehr unhöflich, sich einfach wegzudrehen, wenn jemand mit einem spricht. Nur, nach vier Tagen ist es eigentlich genauso wie vorher. Keine Belohnung für uns in Sicht...

Leicht frustriert und zweifelnd ziehen wir in den 5. Erziehungstag.

Das Einzige, was der Hund in den ersten Tagen gelernt hat, ist Futterfangen. Am Anfang habe ich mich vor ihn hingestellt und ihm ein kleines Stückchen Trockenfutter zugeworfen. Das sah dann so aus: Trockenfutterstückchen verlässt die Hand, trifft auf seine Nase und plumpst im kleinen Bogen nach unten vor den Hund. Lucky schaut mich völlig verständnislos an, was das nun wohl soll. Hey, Hund, Maul auf, fangen und fressen! Es hat etwas gedauert, bis er das Spiel verstanden hatte. Immerhin, nach vier Tagen fängt er vier von fünf Brocken sicher.

Das ist auch gut so, weil da noch der Katzenfaktor im Spiel ist. Im Moment haben wir vier große Katzen im Haus: den alten Fluffy, die junge Mini-Me und dann noch Bounty, eine kunterbunte Bauernkatze, und Dr. Evil, ein pechschwarzer Kater mit einem komisch langen Schwanz. Mini-Me hat gerade Nachwuchs bekommen, drei kleine süße Kätzchen (Mini-Mini-Mes).

... und wenn der große Hund kommt, immer auf die Nase hauen!

Wenn Hundefutter über den Fliesenboden fliegt, finden Katzen das sehr spannend. Die fressen das staubtrockene Zeug nicht, aber sie lieben es, die Stückchen knapp vor dem Hund abzufangen und damit rumzuspielen. Der Hund, der mittlerweile ahnt, dass dies einen Teil seiner kleinen Futterration

Kapitel 4

darstellt, ist not amused. Er bellt seinem Futter und der Katze hinterher, die wieder zielsicher ein Stück erwischt hat und es unter den Küchenschrank bugsiert. Bis unser 45 kg-Bomber seine Masse und seine Gliedmaßen so koordiniert, dass er hinterherkommt, ist Mitzi über alle Berge. Unter dem Schrank liegt mittlerweile locker eine Lucky-Tagesration Hundetrockenfutter.

Früher ist mir ab und an der Gedanke gekommen, dass unser Hund eventuell nicht übermäßig mit Intelligenz gesegnet sein könnte. Er hört nicht und macht, was er will. Heute bin ich mir sicher, dass er so dumm nicht sein kann. Schließlich hatte er uns innerhalb kurzer Zeit völlig im Griff, und das auch noch, ohne dass wir uns dessen überhaupt bewusst waren. Eigentlich schlau. Da stellt sich natürlich die Umkehrfrage: Wenn morgen Marsianer auf unserer Blumenwiese landen, wen von uns beiden würden sie wohl als das intelligentere Wesen identifizieren?

Hundeerziehung 2.0 ist zeitintensiv. Früher war unser Gassi gehen eher von Faulheit meinerseits gekennzeichnet, vor allem morgens vor dem Frühstück. Wir gehen raus und Hund beginnt, Felder, Wiesen und Wald auf eigene Faust zu erkunden. Soll er sich mal müde rennen, ich setze mich irgendwo an den Waldrand oder Feldweg und rauche genüsslich eine Zigarette. Irgendwann wird er schon wiederkommen. Und das macht er auch, dauert halt ein bisschen.

Seit zehn Tagen geht Lucky nur noch an der Leine raus. Mit gemütlich am Wegesrand vor mich hin schmauchen ist es seitdem vorbei. Da muss ich als unsportliche Couch-Potato mindestens 30-40 Minuten mitgehen, über Stock und über Stein, bergauf, bergab, morgens und abends. Dazu muss ich immer noch darauf achten, dass sich die lange Laufleine nicht um meine oder Luckys Beine verzwirbelt. Nicht zu vergessen, dass hier ja immer noch genügend Rehe und Hasen wohnen. Dann verdrängt der Lümmel, dass er an der Leine hängt, und ich versuche, durch gekonnte Manöver den urknallgleichen Moment abzufedern, an dem er das Ende der Leine erreicht.

Unsere Futterspielchen werden auch immer ausgeklügelter. Er bekommt im Moment so knapp 1 kg Trockenfutter am Tag. Die Hersteller von Trockenfutter haben sich scheinbar darauf geeinigt, dass Trockenfutter nur in sehr kleinen Stückchen verkauft wird. Also sind ein Kilo verdammt viele Einzelstückchen. Ganz am Anfang hab ich die Hand einfach voll gemacht und Hundi hat sich drauf gestürzt. Irgendwie fühle ich mich dabei aber auf einen Hunde-Napf-Ersatz reduziert. So einfach will ich es ihm dann doch nicht machen! Also erweitern wir unsere kleinen Such- und Fangspiele. So wirbele ich die kleinen Einzelstücke durch Küche und Wohnzimmer. Groß-Lucky, immer darauf bedacht, dass ihm keine Mieze das Essen stibitzt, ist dermaßen in Bewegung, dass er wahrscheinlich noch mal 100 Gramm extra braucht, um den Kalorienverbrauch beim Hin-und-Herlaufen zu kompensieren.

Berüchtigt sind Frauchens Multi-Such-Spielchen. Dabei fliegen mehrere Stücke Trockenfutter durch die Luft. Glück hat Hundi, wenn diese in die gleiche Richtung gehen, aber Frauchen ist halt gemein. Eins nach Osten, eins nach Westen, sodass er zumindest beim 2. Stückchen richtig suchen muss. Er muss alle finden, bevor es die nächste Ration gibt. Mein Eindruck ist, dass er Spaß daran hat.

Zwangsläufig verbringen wir jetzt wesentlich mehr Zeit mit Lucky. Wahrscheinlich ist Hundebesitzen generell einfach zeitintensiv. Ein Hund ist halt kein Beistelltisch.

Einzig Bounty – die bunte Bauernkatze – unterwandert unsere „Du bekommst nur Fressen aus unserer Hand"-Lektion. Bounty liebt es einfach, Mäuse zu fangen. Und sie ist recht erfolgreich darin. Nur Hunger auf Mäuse hat sie gar nicht; kein Wunder bei den täglichen Futtermassen, die wir den Katzen in die Schüsseln schaufeln. Warum auch immer, aber Bounty bringt dem Hund die Beute. Manchmal noch lebend – da ist es für Lucky besonders schwierig, das Ding zu fassen –, manchmal schon tot gebissen. Hundi freut sich und frisst alles, was ihm vorgesetzt wird. Leider ist sein Magen-Darm-

Kapitel 4

Lucky, noch 'ne Maus gefällig? Bloß nicht, mir ist noch ganz schlecht von der Mausfamilie heute Morgen.

Trakt wohl nicht so kompatibel mit Mausfell, Mauskopf oder Mausgalle. Irgendwas stößt ihm jedenfalls auf, und so entledigt er sich den Mausresten über die Speiseröhre nach oben raus. In guter alter Manier natürlich vorzugsweise auf Teppiche und Teppichböden, nicht auf Fliesen oder Parkett. Vielen Dank auch an euch beide!

Alles in allem haben wir den Eindruck, dass sich die Situation etwas entspannt. Auf einer Skala von 0 (Lucky, du bist ein unausstehlicher Rüpel) bis 100 (Lucky, wir schicken dich jetzt ins Erdbebengebiet und du rettest 251 Menschenleben) sind wir allerdings noch sehr tief im einstelligen Bereich. Aber er ist ruhiger geworden, seine Pöbel- und „Irrer Ivan"-Attacken sind weniger geworden, und er ist nicht mehr ganz so aufdringlich wie früher. Allerdings klaut er immer noch wie ein pathologischer Kleptomane.

Résistance

Es sind kleine Dinge, die uns auf- und gefallen. Manchmal legt er sich jetzt einfach neben meinen Schreibtisch, völlig ohne zu pöbeln, und pennt eine Runde; hat er früher nie gemacht. Hoffentlich ist es nicht nur die aktuelle Hitze, die dem Hund die Lebensgeister raubt.

ICH, LUCKY!

Kapitel 5
Arbeit und Lohn

Hoss Cartwright auf seinem Pferd hat auch nicht mehr Bodenerschütterungen verursacht

Kapitel 5

Heute war wieder Therapiestunde mit Kerstin. Sie scheint nicht gerade zufrieden mit unseren Fortschritten. Wir gehen alle zusammen ein wenig spazieren, machen ein paar Übungen, geben ihm das eine oder andere Kommando und sie schaut uns zu.

Heute gibt es eine Exkursion in die Welt von Arbeit und Lohn.

Unsere Hundetrainerin ist der Meinung, Luckys Arbeitsleistung sollte man mit maximal 1 Euro entlohnen, grundsätzlich zweifelt sie aber bei seinem Arbeitseifer, ob er überhaupt je einen Job bekommen würde.

Ich sage „Lucky, Sitz!", und noch mal und dann noch mal lauter und deutlicher, bis sich das Fellmonster irgendwann mal bequemt, den Hintern in die Wiese zu setzen. Dafür bekommt er dann gleich mal ein paar Leckerlis aus der Hand; ich freu mich ja so, dass er überhaupt Sitz macht.

Kerstin sieht das jedoch ganz anders, mit der überschwänglichen Belohnung in dieser Form ist jetzt Schluss. Wenn er beim ersten oder zweiten Kommando „Sitz!" gleich Sitz macht, bekommt er Leckerli und viel Lob. Wenn wir dreimal unsere Anweisung wiederholen müssen, bleibt der Schnabel eben trocken. Lucky soll fairen Lohn für einfache Hundearbeit bekommen.

Wir entlohnen ihn aber wie einen Herzchirurgen, der in 18-Stunden-Schichten mindestens zwei Herztransplantationen täglich

Frauchen, ausgemacht waren zwei Leckerlis, nicht eins!

Arbeit und Lohn

durchführt. Also gibt es eine Änderung. Ab sofort wird das Grundgehalt drastisch reduziert, dafür gibt es aber ein Prämiensystem für besondere Leistungen. Hoffentlich verhungert uns der Hund nicht...

So laufe ich rum, am Gürtel den übergroßen Dog Activity Hunter DeLuxe Leckerli-Beutel (ist ja schließlich ein großer Hund), und sehe aus wie Tim Taylor aus „Hör mal, wer da hämmert". Warum der Beutel über zwei Seitentaschen verfügt, ist mir bis heute ein Rätsel.

Im Moment halte ich Lucky für einen korrupten bayerischen Amigo. Es macht nicht den Eindruck, als gefalle ihm die neue Situation. Er macht Sitz, weil er ein Stück Fresschen haben möchte. Und er macht Platz, weil er weiß, dass es dann Futter gibt. Dabei schaut er auch nicht mich an, sondern giert mit weit aufgerissenen Augen auf den Dog Activity Hunter DeLuxe Beutel und auf meine linke Hand. Das finde ich immer noch sehr unhöflich. Wenn ich mit jemandem spreche oder jemanden anscheiße, möchte ich doch zumindest, dass er mich anblickt. Also gibt es ein neues Spiel.

Ich nehme einfach zwei Futterstücke, in jeder Hand eins. Dann breite ich die Arme aus – und Hundilein weiß gar nicht mehr, wo er zuerst hinschauen soll. Überall Leckerli... Aber erst, wenn er seinen Gierblick von den Futterstücken kurz abwendet und mich endlich eines Blickes würdigt, bekommt er auch ein Stück. Dann bringe ich noch ein neues Geräusch in unseren Alltag ein, eine Art Zungenschnalzen. Immer wenn er mich dann anschaut, gibt's eine fette Belohnung. Das kann man in jeder Situation sehr gut einsetzen, egal ob er gerade schläft, rumlümmelt, ob wir spazieren gehen – ein Zungenschnalzer. Wenn Lucky sofort aufschaut, gibt's dicke Beute, wenn nicht, dann eben nicht. Das lernt unser Amigo erstaunlich schnell.

> Die Füttern-aus-der-Hand-Aktion dient dazu, die Beziehung zwischen Mensch und Hund zu stärken, dem Hund die Abhängigkeit klar zu machen und dem Hund die Möglichkeit zu geben, selbstständig zu agieren, um Futter zu bekommen. Der Zungenschnalzer ist wieder wie ein roter Teppich, der dem Hund ausgerollt wird – er muss bei gewünschtem Blickkontakt nicht selbst auf die Idee kommen.

ICH MACHE MIR DIESE WELT UNTERTAN ...

Kapitel 5

Wer ist hier der Boss?

Seit drei Wochen bekommt Lucky sein Futter (fast) ausschließlich aus der Hand. Seit einigen Wochen gibt es Gassi gehen nur noch an der Leine. Drei Wochen, in denen erst wir essen, und wenn wir fertig sind, bekommt der Hund seine Ration. Und auch nur dann, wenn er dafür gearbeitet hat. Wir ziehen das relativ konsequent durch, auch wenn wir ab und an mal in totale Faulheit verfallen und es ihm (viel zu) einfach machen.

Heute Abend macht er Sitz und Platz und Give me 5 perfekt – gegen Futter aus der Hand. Amigo halt. Er bekommt nur eine halbe Ration, den Rest soll sich Lucky beim Gassi gehen erarbeiten. Es gibt mehrere Spazierwege, schon damit keine Langeweile aufkommt. Heute entscheide ich mich für die „Eiger Nordwand Route". Die führt uns zunächst einige hundert Meter am

Rechts ein Rehlein, links ein Häschen, schwere Entscheidung

Arbeit und Lohn

Feldrain entlang bis zu einer Stelle, an der ein Weg in den Wald führt. Erst kommt eine leichte Steigung, dann passieren wir „Piccadilly Circus". Das ist eine Waldweg-Kreuzung, und weil es die einzige Waldweg-Kreuzung ist, die ich kenne, halte ich sie für etwas Besonderes und hab ihr gleich mal einen richtigen Namen gegeben. Von hier aus geht's einige hundert Meter steil bergauf und wir beide keuchen ähnlich laut vor uns hin.

Bei jedem Spaziergang nehme ich mir vor, mindestens 20-mal einen Befehl zu geben, den Hundilein befolgen soll. Nach dem beschwerlichen Aufstieg bin ich noch 19 Anweisungen hinten; und ruf ihn erst mal an der Leine mit „Lucky, hier!" ab. Lucky kommt wie aus der Pistole geschossen zu mir. Wow, auf's erste Mal! Ich krame einige Leckerli hervor und herze ihn innig. Super, Lucky!

Insgesamt macht Hundi im Moment einen eher verwirrten Eindruck. Das, was früher normal war, ist jetzt nicht mehr erlaubt. Das, was früher nach seiner Meinung richtig war, unterbinden wir nun. Er schaut mich zurzeit extrem oft extrem verwirrt an. Und wir versuchen, ihm Gelassenheit und Ruhe zu geben.

> *Warum schaut er denn verwirrt? Spinnt der jetzt (der Alte...)? Lucky hat die neue Handlungsweise noch nicht erkannt. Die Übungsabfolge ist bei ihm noch nicht konditioniert.*
> *Hund kommt: Fressen.*
> *Hund kommt nicht: Kein Fressen.*

Seine Verwirrung nimmt zu, als wir den kleinen Wald-Weiher erreichen. Mittlerweile sind jede Menge kleiner Frösche dort drin, die sich erschreckt von Monster-Hundi in das kühle Nass stürzen. Da will Lucky natürlich hinterher, also rein in den Weiher, ohne einen Gedanken daran zu verschwenden, dass er nur sechs Meter Leinenfreigang hat. Es war wieder mal knapp, aber ich bleibe trockenen Fußes und pfeif ihn zurück. Der kommt zu meiner Verblüffung sofort, die Leine um seine Beine gezwirbelt und den Blick fest auf den Dog Activity Hunter DeLuxe Leckerli-Beutel gerichtet. Jaaa, juhuu, Sieg! 2-mal abgerufen, 2-mal ist er sofort gekommen. Da gibt's reichlich Belohnung. Auch für mich. Ich befreie den Hund aus seinem Leinensalat,

Kapitel 5

setze mich auf einen Baumstumpf und genieße die Siegespfeife. Der wird doch nicht etwa gehorchen?

Der Weg zurück und die nächsten Abruf-Versuche sind dann eher von, naja, nennen wir es Zurückhaltung vonseiten des Hundes geprägt. Er kommt beim Abrufkommando, oder auch nicht.

Kerstin, unsere Hundegöttin, ist jedenfalls noch nicht so richtig begeistert von unseren Fortschritten. Sie meint, dass sie bei der nächsten Stunde gerne mal Michael Pahlke dabei hätte. Den kenne ich gar nicht und der darf selbstverständlich dabei sein und unsere strammen Fortschritte bewundern.

So kommt es an einem Mittwoch in der Mittagshitze des Sommers 2010 zum ersten 5er-Treffen. Meine Frau und ich nebst Lucky, unsere Hundetrainerin Kerstin und Michael Pahlke.

Michael bildet nicht nur Hunde aus, sondern auch Hundetrainer. Und seine 25-jährige Ausbildererfahrung wird der Ausbildung von Lucky sicher nicht schaden.

> **Vor allem dem Hundehalter nicht!**

Hundilein hat heute nicht gerade seinen besten Tag. Noch recht satt vom Frühstück hat er bei der Hitze einfach gar keine Lust, uns in irgendeiner Art zu folgen. Also platscht er sich auf ein schattiges Plätzchen und lässt sich von unserem „Lucky, hier!" nicht stören.

Nach einer Minute beginnt bei Trainerin und Trainer das kollektive Augenrollen.

Wir sind erst mal viel zu langweilig. Ich laufe gemütlich vor mich hin und spreche Hundi an. Der schaut nicht mal zu mir. Warum auch, er verhungert nicht, wir gehen mit ihm raus, er hat seine Spielsachen, die er zerlegen

Arbeit und Lohn

kann. Warum um alles in der Welt sollte er zu mir aufschauen?

Also sollen wir mal etwas mehr Action reinbringen. Mal wegrennen zum Beispiel. Ok, Michael sieht eher aus wie ein durchtrainierter Triathlet, ich Pummel hingegen bin schon seit den späten 90ern nicht mehr gerannt. So scheucht er mich auf unserem improvisierten Hundeplatz rauf und runter, und ich glaube, er hat sichtlich Freude daran.

Immerhin schaut Lucky jetzt zu mir, denn rennen hat er mich noch nie gesehen; er ist ja nun auch eher der ruhige Typ mit Hang zum Sofa. Doch urplötzlich nimmt er die Beine in die Hand und rennt mir nach. Über den Platz ruft mir der Trainer zu: „Sofort belohnen!" Das verstehe ich aber nur halb, weil ich ziemlich genauso hechle wie Lucky. Bis ich dann das Futter aus dem übergroßen Beutel gekramt habe, dauert es auch noch eine Weile, und Hundi widmet sich schon wieder den Tannenzapfen am Boden.

Gesamtnote unserer kleinen Performance: eine glatte 6.

Wir sind viel zu langsam. Schon im Lauf müsste ich das Leckerli gekonnt aus dem Beutel fischen und in meiner Hand positionieren. Wenn er was gut macht, sofort belohnen, streicheln oder füttern. Wenn die Zeitspanne zu groß wird, dann weiß Lucky nicht, warum er die Belohnung bekommt; das Wurschti ist für ihn dann ein Gottesgeschenk. Habe ich verstanden, muss nur an meiner eigenen Koordination (und Kondition) arbeiten.

Dass sich Lucky sein Futter abholt und dann wieder weiter schnoddelt, als wäre nichts gewesen, geht auch nicht, sagt Michael. Wenn der Hundeführer eine Situation einleitet, dann löst er diese auch wieder auf. Wenn wir den Hund zum Sitz animieren, dann bleibt er (in ferner Zukunft hoffentlich) auch so lange sitzen, bis wir ihm klar machen, dass Sitz jetzt vorbei ist.

> Belohnung oder Bestrafung muss direkt mit der Aktion in Verbindung gebracht werden. Ein untrainierter Hund kann eine Belohnung, die Minuten später erfolgt, nicht mehr der Handlung zuordnen.

ICH MACHE MIR DIESE WELT UNTERTAN ...

Kapitel 5

Das kann ein Wort sein, „Ab!" zum Beispiel, kann aber auch eine Geste sein: Man tätschelt den Hund und gibt ihm einen netten Klaps auf den Hintern. Das finde ich richtig interessant, denn es führt den Befehl „Bleib!" ziemlich ad absurdum. „Bleib!" gibt's nicht, weil „Bleib!" ist automatisch bis zur Auflösung der Situation. Mensch, das hätte man uns aber auch vorher sagen können. „Bleib!" kann Lucky nämlich ein ganz klein wenig, zumindest bis zu einer Minute, und das hat mich gut 10 kg feinste Wiener Würstchen und Unmengen von Leberkäse gekostet.

> „Sitz!" ist Sitz und nicht Sitz und Bleib, sonst wird „Sitz!" wieder zur Option und der Hund hat die Möglichkeit zu entscheiden... Es gibt nur ein Sitz und kein Sitz und Sitz inkl. verbaler Verstärkung ähnlich einem zusätzlichen Betonfundament zum Sitzenbleiben zur Absicherung.

Genau wie unsere Trainerin Kerstin ist Michael der Meinung, dass wir ein ganz generelles Beziehungsproblem haben. Da unser völlig verzogener Muffel alles hat, was er für ein gemütliches und arbeitsfreies Lotterleben braucht, denkt er nicht im Traum daran, irgendwas für uns zu tun. Er ist ein stinkfauler Egoist. Unser neuer Beziehungsberater ist auch der Meinung, dass Lucky zu dick ist. Wow, der hat doch wirklich kaum ein Gramm Fett auf den Rippen. Seine Meinung: Heute Abend bleibt die Küche kalt. Und morgen gibt's auch kein Frühstück. Das Ziel ist einfach: Der Hund muss um unsere Beine streichen, an unserer Hand lecken und sich danach sehnen, dass wir ihm einen Befehl geben, den er ausführen darf.

Und aus eigener Erfahrung weiß ich ja: Liebe geht durch den Magen.

> Wenn ein Hund Hörzeichen – keine Befehle, wir sind ja nicht beim Bund – ausführen darf, macht er das aus einer anderen Motivation heraus, als wenn er muss. Ein Hund, der will, wird positiv anders agieren als ein Hund, der muss. Die Ausstrahlung des Tuns ist eine komplett andere.

Unsere erste Trainingseinheit ist nach einer guten halben Stunde beendet. Fünf Minuten mit dem Hund rennen, 15 Minuten Standpauke und zehn Minuten Tipps und Tricks.

Was ich schon an unserer Trainerin immer

Arbeit und Lohn

faszinierend fand, ist bei unserem neuen Hundekanzler mindestens genauso ausgeprägt. Die haben ein grundsätzliches Verständnis für den Hund und die Beziehung zwischen Halter und Vierbeiner. Die sehen jeden Fehler, den man so macht und selbst nicht bemerkt, und sie sagen es auch sehr direkt.

Ich habe ein paar Hundebücher gelesen und bin etwas enttäuscht. Mittlerweile verstehe ich, dass man kein Buch nach dem Motto schreiben kann: Genau so erziehst du deinen Hund. Dazu sind die Rassen und Hunde zu unterschiedlich, die Hundehalter auch und die Lebens- und Rahmenbedingungen beeinflussen die Lernmöglichkeiten ebenfalls.

Aber muss man immer anhand der heilsten aller heilen Welten die Beispiele wählen? In den Hundebüchern, die ich gekauft habe, scheint auf jedem Bild die Sonne. Bei unseren Gassi-Gängen regnet es öfter mal oder es ist bitterkalt. Auf den Fotos schaut immer ein feiner Hundi treu zu Herrchen und Frauchen auf; man geht ein paar Meter nach vorne, dreht um und Hundi folgt. Das macht man ein paar Mal und der Hundi zieht nicht mehr. Macht unserer nicht.

Muss man immer ein Kapitel um den heißen Brei blumig herum schreiben? Über so einen totalen Kuschelkurs lacht sich unser Hund nur scheckig.

Ich jedenfalls hab Lucky schon mal die Leine hinterher geworfen; und als er es vor einiger Zeit besonders bunt getrieben hat mit hochspringen, Leine zerren und blutgrätschen von hinten, hat er auch mal die Leine auf den Arsch bekommen. Nicht mit roher Gewalt oder richtig durch-

> *Diese Art der Erziehung bezüglich der Leinenführigkeit dient dazu, dem Hund klar zu machen: Er zieht, es geht nicht weiter – wir Menschen ändern die Richtung. Hierbei ist allerdings gefordert, dass man unmittelbar bei Zug auf der Leine die Richtung ändert, JEDES Mal sofort die Richtung ändert, sobald ein Signal am Halsband entsteht. So lernt Hund, dass etwas an seinem Verhalten falsch ist, sobald er das Ende der Leine erreicht hat. Wenn man hier Fehler macht, z.B. nicht sofort umdreht oder von zehn Mal nur sechs Mal umdreht, kann der Hund nicht erkennen, worum es eigentlich geht und reagiert nicht auf die Lernkette.*

ICH MACHE MIR DIESE WELT UNTERTAN ...

KAPITEL 5

gezogen, aber schon so, dass er den Unterschied zu einem liebevollen Klaps auf den Hintern merkt. Ich kann nur sagen: Es wirkt! Die Zeit der Blutgrätschen ist seitdem so gut wie vorbei.

> *Ein Werfen der Leine kann keine Blutgrätschen verhindern – die menschliche Handlung (hier negative: Werfen der Leine) hat dazu geführt, ein unerwünschtes Verhalten abzustellen. Ethisch und reflektierend auf moderne kynologisch wertvolle Hundeausbildung sehr fraglich.*

Nicht falsch verstehen: Ich schlage unseren Hund nicht! Aber nur gutschi-gutschi geht scheinbar auch nicht.

Natürlich haben wir Hundeverzieher vom Professor ein paar Hausaufgaben erhalten: Mit Befehlen sollen wir uns weiter zurückhalten. Ich kann den Hund schon ins Sitz bringen, manchmal erst auf das zweite oder dritte Mal, aber dann macht er Sitz.

> *Was aber kein Sitz per Ausbildungsdefinition ist... Er setzt sich mit seinem Hintern auf den Boden, ist jedoch bei Ablenkung wieder weg, somit ist das Sitz noch nicht durchtrainiert und nicht sicher. Das binäre System beachten: entweder Sitz oder eben nicht Sitz.*

Aber er tut dies nicht mit Freude, nicht um uns zu gefallen, sondern amigomäßig, weil er ein Leckerli bekommt. Einen Hund auf Befehle zu trimmen, ist keine besonders nachhaltige Erziehungsmethode.

Wie sagt unser Hundeprofessor: Es gibt ganz wenige Hörzeichen, die der Hund machen muss. Fast alle Dinge darf er machen. Er macht sie, weil er Spaß daran hat, uns zu gefallen, einfach happy ist, sein Leben mit uns teilen zu dürfen. So ist die simple, aber ach so schwere Aufgabe:

Nein Alter, das ist jetzt mein Sofa!

ICH, LUCKY!

Dein Hund muss an dir kleben, neben dir sein, mit Freude. Wir sollen uns immer wieder was einfallen lassen, damit seine Aufmerksamkeit uns gegenüber nie nachlässt. Mal mit etwas mehr Inspiration, mal mit Emotionen, mal mit Action, rennen und laufen. Futterbelohnung ist im Moment nur das Tool, das Medium, über das wir arbeiten können. In zwei Wochen will er deutlich sichtbare Fortschritte sehen und weniger Beziehungsdefizite! Und weg ist er.

Frühstückszeit!

Gestern Abend blieb für Lucky wie besprochen die Küche kalt. Das Gute daran: Ich hab mir auch keine Leckereien gegönnt.

Heute Morgen beginnt alles fast wie immer. Hundi bekommt einen frischen Tiegel mit kaltem Wasser. Dann werden die Katzen ausgiebig gefüttert. Lucky

Katzen-Frühstücks-Buffet

liegt mitten in der Küche auf den kalten Fliesen und glubschaugt mit seinen rehbraunen Augen. Der Blick wandert zu den Katzen, die auf dem Fensterbrett gerade ihr Festbankett angerichtet bekommen haben, und dann zu mir. Die ganze Gestik und Mimik sagt: „Liebst du mich nicht mehr?" Die drei kleinen Katzen muss ich morgens erst mal zusammensammeln und aufs Fensterbrett hieven. Hoch kommen sie noch nicht alleine, runterplumpsen klappt dagegen super. Ein herzzerreißender Seufzer übertönt die Kaffee-

Kapitel 5

maschine. Lucky wechselt im Zeitlupentempo seine Position, als wäre er völlig entkräftet, nimmt einen lustlosen Schlabber aus dem Wassernapf und legt sich so halb auf meine Füße, glubschaugt hoch und seufzt leise vor sich hin.

Glauben Sie mir, ich kann jeden Hundebesitzer verstehen, der in dieser Situation um 7 Uhr morgens weich wird und seinem Hundi auf die Schnelle ein Schweinenackensteak in Butterrahmsoße an Kartoffeln und Gemüse der Saison kocht, gefolgt von einem Schweinsohr mit Petersilie garniert. Ich jedenfalls fühle mich schuldig, als hätte ich gerade gegen sieben Paragraphen des Tierschutzgesetzes gleichzeitig verstoßen.

Das Öffnen der Kühlschranktür scheint für Lucky einer seelischen Grausamkeit gleichzukommen. Dort drin befindet sich alles, was ein Hundeherz und -magen begehrt. Und seiner knurrt, vermute ich zumindest. Jedenfalls kommen seine Lebensgeister zurück, als ich zwei Würstchen raushole. Er sitzt hektisch schwanzwedelnd neben mir und ist begeistert, dass ich die Würstchen in appetitlich kleine Häppchen schneide. In sehr kleine übrigens, denn unser Hundepro hat uns erklärt, dass der Hund die Häppchen und Leckerli nicht kauen soll. Kauen bedeutet, dass er den Kopf senken und automatisch den Blick von uns abwenden muss.

Sein Ruhepuls liegt im Moment in jedem Fall deutlich über jeder Norm. Umso frustrierter schaut er drein, als ich alle kleinen Mini-Häppchen in einer kleinen Tüte verschwinden lasse. „Wie? Hier – hier bin ich... nicht in die Tüte, nein, hier rein, in mein Maul!"

Heute versuche ich mal, beim Spazierengehen 30 Minuten lang so wenig Fehler wie möglich zu machen. Ich gehe ohne meinen XXL Hunter DeLuxe Mega Leckerli-Beutel, nur mit der kleinen Tüte in der Hand. Und ich leine den Muffel heute auch nicht an. Er soll ja bei mir bleiben dür-

> *Hund soll aufmerksam sein und Augenkontakt wahren. Wenn er sich nach unten beugt zum futtern, wird's wohl nichts mit der Aufmerksamkeit, der Kontakt zum Hundeführer reißt ab.*

ICH, LUCKY!

Arbeit und Lohn

fen. So verlassen wir unseren Garten Richtung Wald und Felder, die gierige Hundenase ist immer einen Zentimeter neben der Tüte. Ich nehme mir mal drei Stückchen raus in die Hand und gebe ihm nur ein Stück. Die anderen beiden bleiben in der Hand, Hund soll wissen: Da ist noch mehr drin! Dann sage ich „Ab!" zu ihm, er darf ja auch mal ein wenig rumschnuffeln. So rennt er ein paar Meter, ich sage nur „Lucky!", und er macht die Vollbremsung und rennt zu mir. Prima! Erziehung geht durch den Magen. Und wieder „Ab!". Das Rumrennen ist ja nicht so mein Ding, aber irgendwas soll ich ja machen, um seine Aufmerksamkeit bei mir zu halten. Er soll möglichst oft seinen Blick auf mich richten, um nachzuschauen, was ich gerade mache.

Das ist mit der Tüte natürlich einfach, ein leises Rascheln bewirkt erstaunliche Geschwindigkeit bei Lucky. Aber das wäre ja wirklich zu einfach. So gehe ich mal 50 Meter nach vorne, dann drehe ich mich um und gehe schneller zurück. Da ist er wieder, der alte Lucky. Er hat davon nichts mitbekommen, weil er halt nicht schaut. Also Tüte rascheln. Na also, das zieht immer. Dann wieder 100 Meter vor, dann wieder 100 Meter im strammen Gang zurück. Diesmal hat er es gemerkt und spurtet sich die Seele aus dem Leib. Super – und sofort die Belohnung. Auch das klappt heute viel besser, weil ich immer 1-2 Stückchen in der Hand bevorrate.

Jetzt erhöhen wir mal die Schwierigkeit und gehen schnurstracks in den Wald. Ich gebe Lucky keinerlei Befehle, will nur seine Aufmerksamkeit, sonst gar nichts. Was ich sehr angenehm finde ist, dass Lucky nicht mehr so weit wegrennt. Das liegt sicher auch daran, dass ich ihn mit rascheln immer gleich wieder herbekomme. Dann baue ich noch kleine Versteckspiele ein, mal hinter einem Baum, mal krieche ich hinter einen Holzstoß. Da Lucky keinen ständigen Blickkontakt zu mir hält, dauert es manchmal ein paar Minuten, bis er das mitbekommt. Aber dann pfeife ich mal oder rufe seinen Namen oder raschle mit der Tüte – und schon ist er da.

Verstecken, strammer Schritt und Tüte rascheln wird auf Dauer wohl nicht reichen, um Luckys Aufmerksamkeit permanent aufrecht zu halten. Da

Kapitel 5

Irgendwo muss die Hasenfamilie doch sein

muss ich mir noch ein paar schauspielerische Besonderheiten einfallen lassen, wenn irgend möglich ohne Rennen in der Sommerhitze. Für das Tüte rascheln ernte ich von unserem Hundetrainer harsche Kritik, weil das nur ein Ersatzgeräusch ist, das ich da einführe.

Unterdessen buddelt Lucky unverdrossen einen kleinen Swimmingpool nach dem anderen in den Garten. Irgendwann wird in den Geschichtsbüchern stehen, dass der Ursprung der Oberpfälzer Seenplatte auf eine kleine Population von Berner Sen-

> *Monsterfoul! Hund wird auf Hör- und Sichtzeichen konditioniert... Rascheln oder was auch immer fügt er in sein Aktionsbild ein. Der Hund braucht später Hör- und Sichtzeichen, um Aktionen ausführen zu können. Gleiches wie beim Zungenschnalzer! Das Rascheln der Tüte nicht als Hilfsmittel benutzen.*

Arbeit und Lohn

nenhunden zurück geht. Alle Ausdauer und Konzentration, die ihm bei der Ausbildung fehlen, kanalisiert er unbeirrbar in seine Grabungen. Leider können wir noch keine archäologische Sensation verkünden, nur den Achsbruch des Rasenmähers.

ICH MACHE MIR DIESE WELT UNTERTAN ...

ICH, LUCKY!

Kapitel 6
Selbst-Erkenntnisse

Eine Nase

Kapitel 6

Der Weg zu einem wohlerzogenen Hund (Lucky ist davon immer noch ziemlich weit entfernt) geht über die Erziehung oder Selbsterziehung des Hundebesitzers. Ähnlich wie Lucky haben wir da auch noch ein paar Meilen zu laufen.

Wenn vor 100 Jahren auf dem Bauernhof ein junger Hund nicht kommen wollte, dann hat der alte Bauer den Hund gepackt, beide sind in der Scheune verschwunden und da gab es als Erziehungsverstärker die Schaufel. Danach war dem Hund wohl ziemlich klar, dass er ab sofort ein wenig schneller auf die Abrufe seines Bauern hören sollte. Auf dem Land geht man eben nicht immer zimperlich mit dem lieben Vieh um. Dafür hatte der Bauer einen Hund, der sofort kam, und obendrauf Ruhe vor Staubsaugervertretern oder religiösen Randgruppen. Denn – und das wussten wir schon früher als Kinder: Geh nicht zum Spielen auf den Bauernhof, denn dort bewacht ein Hund Haus und Hof, und der Hund ist nicht zum Kuscheln dort.

Die Erziehungsmethode Schaufel war sicher in einer gewissen Weise effizient, aber heute alles andere als zeitgemäß, ganz abgesehen davon, dass unser Tierschutzgesetz dies mit Recht unter Strafe stellt.

Heute sind die meisten Hunde keine Arbeitstiere oder Nutztiere mehr, die irgendwelche Arbeiten erledigen müssen. Unser Muffel muss ja auch kein Holz aus dem Wald ziehen oder Fährten suchen, damit das Abendessen gesichert ist. Und bei Edeka hat Lucky eh Hausverbot. Nur bei ungebetenen Haustürverkäufern darf er den alten Bauernhof-Hund rauslassen. Das sind dann die Momente, da liebe ich meinen ungehobelten Rüpel.

Die heutigen Hundebesitzer haben ganz andere Gründe, sich einen Hund anzuschaffen. Manchmal als Statussymbol, manchmal als Ersatz für Kinder oder Enkel, einige suchen einen „besten Freund", mancher ein Mittel gegen Einsamkeit, andere betreiben ernsthaft Hundesport. Und so wie sich die Gründe geändert haben, sich einen Hund anzuschaffen, so haben sich auch die Erziehungsmethoden entwickelt.

Selbsterkenntnisse

Es gibt Menschen, die eine natürliche Autorität ausstrahlen. Das ist in der Erziehung vom Hundilein ein Vorteil. Genauso gibt es Menschen, die in hierarchischen Strukturen denken. Wer 20 Jahre bei der Bundeswehr gearbeitet hat, wird dies sicherlich perfekt können.

Und dann gibt es Menschen, die eher zurückhaltend sind, nicht laut werden und sich in der zweiten oder dritten Reihe wohler fühlen als an der Front.

Wir wissen ja, dass wir hundeerziehungstechnisch irgendwo auf dem Bolzplatz spielen und nicht in der Champions League. Einer der großen Fehler am Anfang war, dass wir keine Konsequenz gelebt haben. „Hundi komm!" – und wenn nicht, naja, auch egal bei dem kleinen süßen Welpen. Ich vermute, einem erfahrenen Bundeswehrmitarbeiter wäre das nicht passiert; der hat konsequentes Umsetzen der Befehle gelernt. Wir nicht. Ja, und so kam es, wie es kommen musste. Lucky kam – oder auch nicht.

So ist es nun unser oberstes Prinzip seit kurzer Zeit, Konsequenz zu zeigen.

> Hört sich so „brutal" an. Nachgewiesen ist, dass Hunde von Natur aus eine klare Struktur brauchen und wollen. Alles andere führt zur Verwirrung und Unzufriedenheit.

„Lucky, Sitz!" bedeutet: Setz dich! Das sag ich dir einmal, und wenn's hart kommt auch zweimal, aber nicht zehnmal. Also gibt es neben Belohnung auch mal Schelte. Zum Beispiel, wenn er sich draußen beim Gassi gehen mal wieder richtig daneben benimmt und die berühmte Blutgrätsche versucht. Dann hol ich mir Hundilein her und lese ihm die Leviten. Und siehe da, es funktioniert. Schon, weil ich ihn auch gleich wieder lobe, wenn er Sitz macht oder sich wieder gebührend benimmt.

Man darf dem Muffel einfach nichts durchgehen lassen. Jeder kleine Sieg bestärkt ihn darin, das Rudel leiten und führen zu müssen!

> Er „denkt" sich, wenn der Alte die Aufgabe des Ordnens und Strukturierens nicht auf die Reihe kriegt, muss ich das eben machen.
> Als Ausgleich steige ich in der Wertepyramide nach oben...

ICH MACHE MIR DIESE WELT UNTERTAN ...

Kapitel 6

Es kommt dabei auch auf die Art an, wie man etwas sagt. Manchmal kommt die Botschaft ja nicht an, weil der Empfänger die Botschaft nicht versteht. Wenn ich mich selbst so vor unseren Muffel hinlümmle und leise „Lucky, komm doch mal her" spreche, dann ist Lucky höchst unmotiviert in seinem Verhalten. Also: Kreuz durchdrücken, Haltung annehmen und mit klarer Stimme und in angemessener Lautstärke „Lucky, hier!" sagen. Schon klappt es besser, er versteht die Deutlichkeit von Körpersprache und Tonlage.

> Die Ausprägungen sind von Hund zu Hund und von Hundehalter zu Hundehalter unterschiedlich. Bei Lucky und Anhang ist übertriebene Deutlichkeit gefordert, weil schon viel „kaputt" ist bzw. die Fronten etwas „verhärtet" sind.

Na los, sag's endlich. Ab und davon!

Auf Anraten unserer Hundeexperten haben wir die Taktfrequenz des Abrufens beim Gassi gehen reduziert, auf maximal 10-mal je Spaziergang.

Wenn wir Hundi vor acht Wochen abgerufen haben, war es ihm im Großen und Ganzen völlig egal, er war ja beschäftigt mit Fährten und Blümchen und Schmetterlingen.

Das hat sich geändert. Wenn wir heute abrufen, dann bleibt er erst mal wie angewurzelt stehen und schaut sich um, nach dem Motto „Warum – ist was, ein Rehlein, ein Häschen?" Und spätestens beim 2. Abruf steht er am Hosenbein und giert Richtung Leckerli-Beutel. Wir sind noch nicht am Ziel, aber auf dem Weg.

Selbsterkenntnisse

Das Leckerli hat er sich damit meistens verdient. Eine gute Taktik ist auch, ein paar Schritte rückwärts zu gehen, um den Hund weiter zu motivieren. Dabei das Leckerli am Mann, das er sich dann aus der halb geschlossenen Hand fummeln muss, ähnlich wie man eine Weißwurst isst. Das sollte er als bayerischer Amigo schon können.

> *Weil das Herrchen dem Hund die 200 g Aufschnitt nicht auf dem Silbertablett hinterhertragen soll, sondern der Hund sich die Wurst tunlichst erarbeiten soll. Also nicht hinrennen zum Hund, sondern wegrennen.*

Hundeziehung 2.0 funktioniert nicht im Turbo-Modus, eher im Schneckentempo. Wenn wir nach einigen Wochen einmal reflektieren, was sich schon verbessert hat und was nicht, dann gibt es eine kurze Liste – und eine lange.

Verbessert hat sich vor allem die Aufmerksamkeit, die der Hund uns schenkt. Von völliger Ignoranz hat er sich auf ein etwas höheres Niveau begeben. Das Abrufen klappt schon ganz gut, wenn wir spazieren gehen, allerdings nur dann, wenn Hundi keine große Ablenkung hat. Wehe, ein Rehbock stolziert am Horizont, dann geht gar nichts mehr. Und wir arbeiten nur mit der Schleppleine, sodass er uns nicht abhauen kann. Irgendwann soll die Leine auch wieder weg, und dann wird sich zeigen, ob Grande Hundi dann macht, was wir wünschen. Ja, das war es dann aber auch schon mit den guten Nachrichten.

Der große Hund hat seine großen Schattenseiten. Zum Beispiel das Anspringen. Er freut sich so überschwänglich über jeden Fremden, dass er ihm am liebsten das Gesicht abschlabbern möchte. Das mag nun aber nicht jeder Fremde. Und selbst wenn der Fremde Hunde mag, nähern sich 50 kg Muskeln, Sehnen und Fell auf Kehlkopfhöhe. Da muss man schon extreme Hundeliebe aufbringen, um das noch irgendwie nett und lustig zu finden.

Dazu muss man auch berücksichtigen, dass Hundi jeden Tag zwei Stunden

ICH MACHE MIR DIESE WELT UNTERTAN ...

Kapitel 6

Da danke ich dem Wildschweinchen aber für die hervorragende Vorarbeit

mit uns durch Wald und Felder läuft. Und er hat es überhaupt nicht mit dem Füße abputzen beim Reingehen. Im Gegensatz zu den Katzen hält er eigene Körperpflege für überbewertet. Scheinbar fühlt er sich auch dreckig richtig wohl. Dann gibt es da noch die Zeiten, an denen der Bauer Mist auf die Felder fährt. Ich weiß nicht, was der Hund an dem Zeug findet; es stinkt erbärmlich und trotzdem hat es auf Lucky die Wirkung eines unwiderstehlichen Parfüms. Da will er rein, wälzt sich einmal, zweimal und weil es gar so schön riecht gleich noch mal.

So hat der erschrockene Fremde oder Freund neben seinem Schrecken auch noch ein paar sichtbare Spuren an Hose und Jacke und zur Jauchezeit noch eine kleine Geruchsmarkierung. Da kann man es sich mit dem einen oder anderen Bekannten schon mal verderben.

Selbsterkenntnisse

Wie wir aus Wikipedia schon wissen, ist ein Berner Sennenhund ideal für die Zughundarbeit. Das muss genetisch so tief verankert sein, dass er einfach nicht davon ablassen kann. Bergauf finde ich das durchaus angenehm, aber das Gesamtbild unseres gemeinsamen Spazierengehens wirkt insgesamt dann doch eher komisch. Er vorneweg, Leine dabei unter Hochspannung, ich hinten dran, rechte Hand voraus. Er mit immer stärker werdender Halsmuskulatur, ich mit immer stärkerer Oberarmmuskulatur im rechten Arm.

Und Lucky ist ein grobmotorischer Rüpel. Das Hochspringen ist da nur eine Ausdrucksform. Wenn er aufs Sofa oder ins Bett will, wäre es doch löblich, wenn er dies mit etwas Zurückhaltung sowie Vorsicht und Rücksicht machen würde. Es könnte doch noch jemand im Bett liegen. Macht er aber nicht, er steht auf Anlauf und Full Speed. Scheinbar spekuliert er darauf, dass dort schon ein Mensch sitzt, der ihn abfedert. So schießt die 50 kg-Kanonenkugel in voller Fahrt auf das Sofa zu, setzt zum Sprung an und landet mit Glück neben mir – mit Pech gibt's eine Punktlandung auf meinem Schoß. Wenn man schnell genug ist, kann man noch von der Couch aufspringen oder ein lautes NEIIINNN von sich geben.

Morgens liegt man noch im Bett und träumt und döst gemütlich vor sich hin. Nichtsahnend schlägt Lucky neben oder – noch schlimmer – auf einem ein. Da jagt man wie von der Tarantel gestochen hoch und befürchtet im Halbschlaf den Angriff Außerirdischer auf unserem Mutterplaneten.

Irgendwann hat man seine sieben Sinne wieder beisammen und faltet den Hund erst mal verbal zusammen. Nun schaut der aber wie ein Lämmlein, weil unser verbaler Gegenschlag viel zu spät kommt und er überhaupt nicht weiß, wofür diese Standpauke wohl sein könnte. Also Schnauze nach unten, Glubschaugen hoch und erst mal den Ball flach halten.

Etwas frustrierend sind die Höhen und Tiefen, die man bei einer Hundeerziehung durchlebt. Da trainiert man wochenlang an „Lucky, hier!" und meh-

Kapitel 6

rere Tage hintereinander kommt er perfekt schwanzwedelnd und gierig auf den Leckerli-Beutel schielend angerannt. Da denkt man: Prima, ich glaub, er hat's verstanden.

Am nächsten Morgen geht man in den umzäunten Garten, lässt souverän ein „Lucky, hier!" fallen, und Muffel nimmt die Beine in die Hand und rennt los. Nur die Richtung stimmt nicht, er haut einfach ab, hinters Haus. Ein lauter Pfiff hinterher, und er beschleunigt noch mal in die andere Richtung. Hat der denn überhaupt kein Langzeitgedächtnis? Oder ist sein Datenspeicher überfüllt und er verliert die älteren Informationen?

Jedenfalls begibt er sich immer wieder in die Untiefen des Vergessens von Gehorsamkeit. Da bekommt er den „Irren Ivan", rennt los in guter alter Wolfsmanier und glaubt, er ist der Anführer des Universums.

Wenn ich mal wieder total frustriert bin, frage ich Kerstin, unsere Hundetrainerin, ob ich mal mit ihrer Emmy eine Runde drehen darf. Es ist einfach eine Sensation, wenn man mit einem Hund unterwegs ist, der genau das macht, was man möchte. Emmy läuft nicht einfach nur bei Fuß, nein – es ist eine echte künstlerische Performance, wie perfekt sie sich auf die Laufgeschwindigkeit einstellt und immer an der gleichen Position neben einem her trabt. Das motiviert dann wieder, mit unserem um die Beine rüpelnden Lümmel zu arbeiten.

Kapitel 7
Regeln und Etikette

Hund, nicht jedes Sofa ist automatisch Deins!

Kapitel 7

Nachdem wir ja nicht nur Frust haben, sondern auch schon einige ganz kleine Erfolge verzeichnen können, überlegen wir uns, was der Hund eigentlich mal können soll und welche Grundregeln im Haus gelten sollen.

REGEL NUMMER 1:
Wir fressen keine Mitglieder der Familie. Dazu zählen auch alle Säugetiere im Haus, also: Maul zu, wenn du mit den Katzen spielen willst.

REGEL NUMMER 2:
Du sollst nicht begehren deines Frauchens und Herrchens Frühstück, Mittagessen oder Abendessen.
Das klappt mittlerweile ziemlich gut. Wenn er sich glubschaugend dem Gulaschtopf auf dem Tisch nähert, gibt es ein klares „Nein!" Dann trottet er ab, seufzt noch mal aus der Tiefe seiner Seele und legt sich ein paar Meter entfernt auf den Boden. Die Augen immer auf den Topf gerichtet, aber er bettelt nicht.

REGEL NUMMER 3:
„Nein!" bedeutet Nein.
Da hapert es noch ein ganz klein wenig...
„Nein!" ist eins der ganz wenigen Hörzeichen, die ein Befehl sind. Bei „Nein!" gibt es keine Diskussion, kein Nachfragen oder sich irgendwie davor drücken wollen.

> *Wichtigstes Hörzeichen! Das Hörzeichen „Nein!" muss soweit konditioniert (Lernen und Fixieren!) sein, dass der Hund jegliche Handlung in jedweder Triebintensität sofort abbricht.*

„Nein!" bedeutet ja nicht, dass wir ihm irgendwas ganz Tolles verbieten wollen. „Nein!" bedeutet in aller Regel, dass wir den Hund vor einer ungünstigen Situation bewahren wollen.
Bei „Nein!" muss er sofort mit seinem aktuellen Handeln aufhören, stillstehen und uns anschauen.

So einen Nein-verstehenden Hund hätte ich schon ein paar Mal sehr gut gebrauchen können.

Regeln und Etikette

Wir gehen spazieren, Hundi wie immer vorneweg. Lucky hat einen siebten Sinn für Schlammlöcher und Pfützen. Da sehe ich schon von Weitem, wie eine kleine Benzinschicht auf der Pfütze gar wunderschön das Tageslicht spiegelt. Für Hundi scheint das ein ganz besonders interessantes Wässerchen zu sein und er setzt gerade zum Trinken an. Wäre schon irgendwie cool, wenn er jetzt „Nein!" verstehen würde.

Viele Schlammlöcher später nähern wir uns wieder unserem Büro. Rein durch die Tür, Leine abgenommen und Lucky fegt los durch unser Office. Dort steht in der Mitte gerade unser Vermieter im frisch gereinigten Anzug und Krawatte. Und weil Muffel unseren Vermieter gerne mag, möchte er ihm erst mal ein Küsschen auf Augenhöhe geben. Als Hundebesitzer sieht man das Unheil die eine oder andere Sekunde vorher kommen und versucht noch ein energisches „NNNEEEIIIINNN!" loszuwerden. Versteht Hundi aber noch nicht. Er springt viel lieber an dem netten Vermieter hoch.

> *Ja mei! Hätten die guten Hundebesitzer mal früher mit der Erziehung angefangen. Ein ultimatives Hörzeichen mit 15 oder 18 Monaten zu implementieren, bedarf eines größeren „Pakets" als bei der Erziehung im Welpenalter. Was macht der Hundebesitzer denn, wenn der Hund die alte Dame im Schweinsgalopp attackiert und sich keine finale Möglichkeit darstellt, den Hund zu stoppen? Da bleibt dem Hundeführer wohl nur übrig, sich mutig zwischen Hund und Rentnerin zu werfen und sich selbstlos zu opfern. Sofern der Hund niemanden zerfetzt hat, ist nun aber auch nur diese Situation bereinigt.*
>
> *Wenn Sie jetzt nicht sofort mit der Verhaltenskorrektur beginnen, wird der Hund bei der nächsten Situation ähnlich reagieren und sich somit die Abläufe festigen. Folge: Die Aufnahme als Ehrenmitglied bei den Grauen Panthern ist extrem gefährdet und Sie sollten präventiv ein Jurastudium beginnen.*

Manchmal hilft auch kein Nein mehr. Ich erzähle Ihnen die Story nur, weil es viel mit Etikette zu tun hat. Wir laufen mittags an einigen Reihenhäusern

ICH MACHE MIR DIESE WELT UNTERTAN ...

Kapitel 7

mit kleinen Vorgärten vorbei. Lucky, immer hart am Zaun, hat sich irgendwann ein Fleckchen ausgesucht und hebt das Beinchen.

Ich schau so vor mich hin und mein Blick wandert Richtung Haus und Fenster, das nicht mal einen Meter von mir entfernt ist. Dort steht eine ältere Frau vor der Gardine und schaut völlig fassungslos auf Muffel, der gerade durch den Zaun auf ihr kleines Beet strullert. Wild gestikulierend wandert ihr Blick zu mir, während ich auf Hundilein schaue. Der, fertig mit seinem kleinen Geschäftchen, drängelt zum Weitergehen. Ich mache noch eine kleine entschuldigende Geste Richtung Fenster und wir verkrümeln uns. Ich weiß ja nicht, ob das schädlich ist für die Pflanzen, aber höflich ist es in jedem Fall nicht.

SO LAUTET REGEL NUMMER 4:
Wir wollen höflich zu unserer Umwelt werden. Schließlich sind wir nicht allein auf der Welt.

Schauen wir uns einmal dieses Thema an: Jogger, Radfahrer und Fußgänger versus Hundebesitzer und Hund.

Aus einem Jahr als Hundebesitzer weiß ich: Es gibt Menschen, die Hunde nicht mögen, und es gibt Menschen, die vor Hunden Angst haben, in ganz wenigen Fällen sogar panische Angst. Die Aufgabe des Hundebesitzers besteht nicht darin, missionarisch alle Menschen davon zu überzeugen, wie toll so ein Hund doch ist. Man muss die Abneigung einfach akzeptieren und kann mit guten Manieren ganz viel abfedern.

Abgesehen davon ist Lucky in einem Erziehungsstadium, in dem er einem ängstlichen Menschen nur noch den Dolchstoß zu einem panischen Menschen geben würde.

Unser Job ist es, den Hund so zu kontrollieren, dass es gar nicht erst zu schwierigen Situationen auf dem Gassi-Weg durch die Reihenhäuser kommt. Die Gefahr geht nicht von unseren Mitmenschen aus, sondern tendenziell von uns, genauer gesagt vom Hund. Mir ist es jedenfalls noch nie passiert, dass ein Radfahrer laut brüllend auf mich zu rast in der vollen Absicht, mich über den Haufen zu fahren. Der will nur an mir vorbei, sonst will der gar nichts.

Bei Hundilein ist das anders: Wenn er auf den Radfahrer zu rennt, sind seine Absichten nicht ganz so friedlich. Er will pöbeln, ihm den Weg abschneiden und mit ihm um die Wette jagen, während er lauthals auf das Vorderrad einbellt. Belästigung wäre wohl der kleinstmögliche Anklagepunkt.

Wenn uns ein Rollstuhlfahrer entgegenkommt, dann will ich nicht, dass Lucky auf ihn zu läuft und seine Bahn kreuzt. Wenn drei Kinder neben uns im Sandkasten auf dem Spielplatz ihren Spaß haben, möchte ich nicht, dass unsere 50 kg-Kanonenkugel auf sie zu schießt und sie geistig mit ihrem Leben abschließen – unter den hysterischen Schreien dreier panischer Mütter.

Soviel zur Theorie. Stellt sich die Frage, wie wir Lucky da hinbekommen.

Vor Kurzem hatten wir die erste Lehrstunde mit unserem Hundeprofessor zum Thema: Lucky bekommt Manieren beigebracht. So gehen wir auf unseren Campus (unseren Gassi-Weg) und es dauert nicht lange, da nähert sich zu unser aller Freude auch schon der erste Jogger.

Zielsetzung: Hundilein sitzt lässig am Wegesrand, Jogger läuft vorbei und alles ist gut.

Jetzt kommt es zunächst aufs Timing an. Ist der Jogger zu weit weg, ist der Zeitraum zu lang, in dem Lucky sich auf den Hosenboden setzen soll. Ist der Jogger zu nah, hat ihn Hundi schon fest im Visier und zeigt noch mal, dass er aus einer guten alten Zughundpopulation stammt. Also locke ich den Hund mit einem Leckerli an den Wegesrand, er mit dem Rücken zum

KAPITEL 7

Jogger. Nun darf er Sitz machen und bekommt ein Leckerli – und muss warten. Die Wartezeit überbrücken wir mit einem weiteren Leckerli und einem „braver Hund". Nun ist der Jogger fast auf unserer Höhe und Lucky hat ihn gehört oder gerochen oder sonst wie mitbekommen, dass da was kommt.

Ganz falsch wäre es jetzt, besonders intensiv und besonders nervös mit ihm zu sprechen. Alles ist gut und alles ist so wie immer. Dann bekommt er noch mal ein Leckerli und der Jogger ist auch schon an uns vorbei. Perfekt, fast... Denn dann springt Muffel auf und will dem Jogger mal zeigen, was er so über die 100 Meter draufhat. Mein „Nein!" ignoriert er natürlich, also pfeife ich ihn über die Leine zurück, gefolgt von einer kleinen verbalen Auseinandersetzung. So nicht, mein Freund!

Sitz am Wegesrand – mit und ohne Jogger und Radfahrer – ist nun eine Übungseinheit, die er ab sofort mehrfach bei jedem Gassi-Gang machen darf. Locken an den Wegesrand, hinsetzen, loben und Leckerli, auch mal eine halbe Minute warten – und dann erst geht's weiter. So soll Lucky lernen, dass es nichts Besonderes ist, am Wegrand zu sitzen, und dass es nicht automatisch bedeutet, dass sich vermeintliche Joggerbeute nähert.

> *Hundebesitzer freut sich, weil der Hund irgendwas gemacht hat, und ist euphorisch. Aber währenddessen geht die Konzentration und Fokussierung auf die Situation des Herrchens gegen Null. Der Hund ist durch die Gabe des Futters befriedigt, durch das suboptimale Konditionieren der Futterarbeit bricht der Hund die Aufmerksamkeit zum Herrchen ab und sucht sich das nächste Triebziel, den Jogger. Nach Befriedigung im ersten Teil wäre durch die aussetzende Befriedigung durch weiteres Futter der Jogger der höhere Triebreiz. Somit bricht Hund weg.*
>
> *Oder anders gesprochen: Mutter freut sich, wenn der pubertierende Sohnemann beim Abwasch hilft, und übersieht im Überschwang des Erziehungserfolges, dass der Filius gerade die Hütte anzündet.*

Dass wir nun nicht gerade der aufgehende Stern am Hundeerziehungshimmel sind, hat geneigter Leser sicher schon bemerkt. Und die großen Hundeversteher sind wir auch nicht.

Aber wir sind nicht die einzigen. Zumindest

Regeln und Etikette

einen weiteren dieser Spezies habe ich vor Kurzem beim Spazierengehen kennengelernt.

Langsam kommt uns ein älterer Herr mit einem Gehstock entgegen. Als er relativ nah ist, wollen wir natürlich unsere guten Manieren zeigen. Ich locke Lucky an den Wegrand und für sein Sitz bekommt er selbstverständlich eine kleine Belohnung. Da bleibt der Mann stehen und sagt zu mir, dass er Hunde gern hat und ich Lucky nicht festzuhalten brauche.

Naja, denke ich mir, dann darf Lucky halt zu ihm. Macht Lucky auch. Und was macht der ältere Herr? Hebt seinen Gehstock in Richtung Hund, bis der Stock auf Kopfhöhe ist, und lässt ihn wieder fallen. Da hat Lucky mal eben eine kleine Vollbremsung hingelegt, denn was der ältere Herr ihm da entgegenstreckt, hat er nicht als Friedenstaube interpretiert, sondern als Kriegsbeil. Beide sind nach der Situation sichtlich irritiert: Der ältere Mann wollte wohl nur auf seine Art Hallo sagen; Lucky hingegen kann es gar nicht fassen, dass ihn jemand auf offener Straße schwer bewaffnet angreift. Ja, so kann man aneinander vorbeireden!

Ich pöble, also bin ich (Chef).

Sofern unser Hund überhaupt eine Lebensphilosophie hat, kommt die Abwandlung der Aussage von Descartes dieser sicher am nächsten.

Morgens zwischen 6 und 7 Uhr verspürt Muffel Lust auf ein kleines Frühstücksbuffet. Wenn unverschämterweise noch kein zweibeiniger Butler in Sicht ist, dann ist es in seinen Augen angebracht, einen zu holen.

So platscht unser 50 kg-Ex-Welpe ins Bett, egal ob Mensch oder Katze dort liegen. Das verursacht bei unserem Wasserbett deutlichen Seegang – und die Zweibeiner sind wach. Na also, geht doch, denkt sich der Hund. So liebevoll geweckt möchten wir noch ein paar Minuten dösen, bis wir den Tag begrüßen. Dann legt sich Hundilein auf den Rücken, gibt seltsame Töne von

Kapitel 7

sich und strampelt mit allen Vieren um sich, sprich: er tritt wie ein Gaul. Noch etwas schlaftrunken schlurfe ich schließlich die Treppe runter Richtung Küche. Nach Luckys Meinung fehlt mir in der Morgenstunde wohl noch ein wenig der Speed. Die Blutgrätsche von hinten traut er sich nicht mehr, aber er stupst und schubst von hinten andauernd zwischen die Beine.

Kurz vor Ende der Treppe überholt er, duckt sich gekonnt am Kratzbaum vorbei und gibt Gas Richtung Kühlschrank. All das soll mir wohl sagen: Ich Hunger, du Gas geben!

> *Hundepros sagen da jetzt mal nix mehr, sondern wundern sich einfach, wie man sich so zum Sklaven machen lassen kann.*

Irgendwann ist das Leckere dann oben drin und will wohl hinten wieder raus. So klärt mich Muffel darüber auf, dass nun die Zeit gekommen ist, um rauszugehen. Er rennt dorthin, wo die Leinen hängen, dann zurück zu mir und wieder kläffend zu den Leinen. Nachdrücklich schnappt er sich meinen Ärmel und versucht, mich vor dem ersten Kaffee zur Leine zu zerren nach dem Motto: „Hey, Alter, mach hinne, ich will raus!"

Ziemlich anmaßend ist sein Handeln nach Ertragslage. Frühmorgens bekommt er sein kleines Frühstück, meist zwei Wiener Würstchen. Jedes Stückchen darf er sich redlich verdienen. Das erste bekommt er quasi automatisch, weil er schon Sitz macht und danach giert. Dann Platz und wieder ein Stückchen. Dann darf er Five geben und kriegt wieder einen Brocken und so weiter. Ab und an hebt er seine Schnauze, die dann etwas unterhalb der Anrichte ist, und überprüft den Lagerbestand an Wurststückchen. Wenn das letzte Teil im Schlund verschwunden ist, gibt sein Wurst-Radar Alarm. Er dreht sich um und geht. Wenn nichts mehr da ist, macht es auch keinen Sinn, noch irgendwas zu tun. Wurst verschlungen, Mission completed.

Kapitel 8
Die Wende

Oh großer Mann, der du die Leckerlis in der Tasche hast: Rück die raus!

KAPITEL 8

Wir haben Mitte September. Als wir vor gut drei Monaten mit der Hundeerziehung 2.0 angefangen haben, waren wir uns nicht sicher, ob wir diese Überschrift jemals schreiben dürfen. Sowohl Lucky als auch wir sind nicht die Turboerzieher... Drei Monate halten unsere beiden Hundetrainer Kerstin und Michael für ziemlich lange, aber immerhin.

Eigentlich fing der Monat alles andere als gut für unsere Mensch-Hund-Beziehung an. Lucky war auf der Suche nach seinen Erziehungswurzeln und hatte einen schweren Rückfall in die seiner Meinung nach „guten alten Zeiten".

Er machte mal wieder, was er wollte, und ging seiner Wege. Beim Abrufen schaltete er seine Ohren auf Durchzug, und dabei war er eigentlich schon richtig gut darin. Ein Sitz ohne ein sofortiges Würstchen empfand er als ziemliche Dreistigkeit meinerseits, und selbst die Blutgrätsche, die ich schon fast vergessen hatte, hat er doch glatt wieder ausgepackt.

Kerstin war schlichtweg entsetzt über unseren Ausbildungsrückschlag. Natürlich war der Grund für seinen Schlendrian unser Schlendrian.

So nach und nach haben wir das 2-Schüssel-System wieder eingeführt. Abends hat Lucky wieder seine große Essensration in den Tiegel bekommen. Auch ansonsten haben wir uns wohl doch zu sehr auf den ersten Erfolgen ausgeruht und die ganze Erziehung etwas schleifen lassen. Diese Nachlässigkeiten hat Lucky sofort und gnadenlos ausgenutzt.

Da trainiere ich mir den Wolf mit Lucky - und was macht der Muffel: Bei Frauchen zeigt er stolz, was er so gelernt hat, und läuft brav neben ihr her. Bei mir zerrt er wie ein unkastrierter Rüde, der gerade zwei läufige, hübsche Hündinnen in der Nähe erschnüffelt hat. Das kann ich mir doch nicht gefallen lassen...

Lucky weiß ja, was „Hier!" oder „Sitz!" bedeuten bzw. bedeuten sollen. Er

Die Wende

hat nur einfach keinen Bock drauf und akzeptiert mich auch nicht richtig als Boss. Genau da setze ich nun an.

„Lucky, Sitz!"

Ganz wichtig ist, dass man sich selbst mal konzentriert und eine Spannung aufbaut. Ebenso wichtig sind Tonlage und Klarheit. Nicht irgendwie mit einem Unterton „Ach komm doch bitte und setz dich". Nein, ich meine es expressis verbis.

Macht er sofort Sitz, bekommt er Leckerli. Muss ich es ein zweites Mal sagen, bekommt er immer noch ein Leckerli, und beim dritten Mal gibt es einen deutlichen Zug an der Leine.

> *Vollkommen falscher Denkansatz! Jeder Hundetrainer bekommt da Schnappatmung. „Sitz!" bedeutet Sitz. Wenn er es nicht macht, fehlt die Motivation.*

Und dann das Ganze gleich noch mal von vorne.

Draußen auf der Wiese läuft Lucky immer noch an der Schleppleine. Hundi schnoddelt gerade so vor sich hin, dann kommt von mir ein „Lucky, hier!"

Auch jetzt: Klar und deutlich, ohne irgendwelchen Zweifel in der Stimme, aber auch nicht laut oder drohend.

Für das Training verwendet man Futter, das man natürlich bei der Tagesration abzieht. Erst wenn Mensch und Hund das Training an der Schleppleine verinnerlicht haben, kann man dazu übergehen, die Leine am Boden „schleppen" zu lassen, ohne weiter zu üben. Kommt er beim ersten oder zweiten Abrufen, gibt's Leckerli und Lob.

> *Vorsicht: Nicht nur auf die Leine verlassen. Es sollte ein Leben nach der Schleppleine geben. Der Hund gewöhnt sich an die Leine und unterliegt einer Reizermüdung. Irgendwann hilft auch das Wienerle nichts mehr – dann können Sie nur noch zum Supermarkt gehen, Senf und Brezel kaufen und das Potpourri mitten auf der saftigen Frühlingswiese alleine mit Hase und Fuchs essen.*

ICH MACHE MIR DIESE WELT UNTERTAN ...

Kapitel 8

> *Über Training mit Schleppleine gibt es ganze Bücher zur Anleitung. Hier nur ein kleiner zusammengefasster Auszug:*
> *Schleppleinentraining ist in erster Linie Beziehungs- und Bindungstraining. Bei der Grunderziehung sowie bei Korrekturen sollte der Hund an einer langen Leine, meistens 10 bis 20 m, geführt werden. Selbstbelohnendes Verhalten wie Jagen oder Spurensuche wird hierbei unterbunden.*
>
> *Es soll nicht so aussehen, dass der Hund zwar die Leine dran hat, aber kommentarlos die zur Verfügung stehenden Meter ausnutzen kann oder sogar daran zerrt. Die Schleppleine verschafft dem Menschen Sicherheit, und der Hund lernt, zum Menschen Kontakt zu halten – er soll aufmerksam sein.*
>
> *Die Aufmerksamkeit wird trainiert, indem man den Hund alle paar Meter zu sich ruft und belohnt. Die Belohnung erfolgt durch Futter oder kurzes Spiel – je nach Intension des Hundes.*
> *Nicht vergessen: Der Mensch hebt alle Kommandos wieder auf.*
> *Das bedeutet: Nach Rufen und Belohnen den Hund auch wieder wegschicken. Das Ganze wird mehrmals wiederholt. Wichtig dabei ist, dass der Mensch darauf achtet, den Hund rechtzeitig zu sich zu holen und ihn nicht ins Halsband laufen zu lassen. Weder Mensch noch Hund dürfen sich auf die Schleppleine verlassen. Sie sollte möglichst NIE aktiv als Kommunikationsmittel benutzt werden – also nicht daran ziehen oder zerren, sondern den Hund immer so ansprechen, als wäre er ohne Leine. Der Hund soll auf das Hörzeichen reagieren.*
>
> *Für das Training verwendet man Futter, das man natürlich bei der Tagesration abzieht. Erst wenn Mensch und Hund das Training an der Schleppleine verinnerlicht haben, kann man dazu übergehen, die Leine am Boden „schleppen" zu lassen, ohne weiter zu üben.*

Beim dritten Mal gibt's einen ordentlichen Zug an der Leine und kein Leckerli mehr.

Den deutlichen Zug an der Leine empfindet Muffel wohl als Einmischung in seine Freiheiten, unterbreche ich doch seine Suche nach Rehkot, in dem er sich so gerne wälzt.

Also kommt er mit vollem Karacho angerannt, klemmt sich die Leine ins Gebiss und zerrt wie ein Berserker daran. Er will mir wohl sagen: Es reicht!

Die Wende

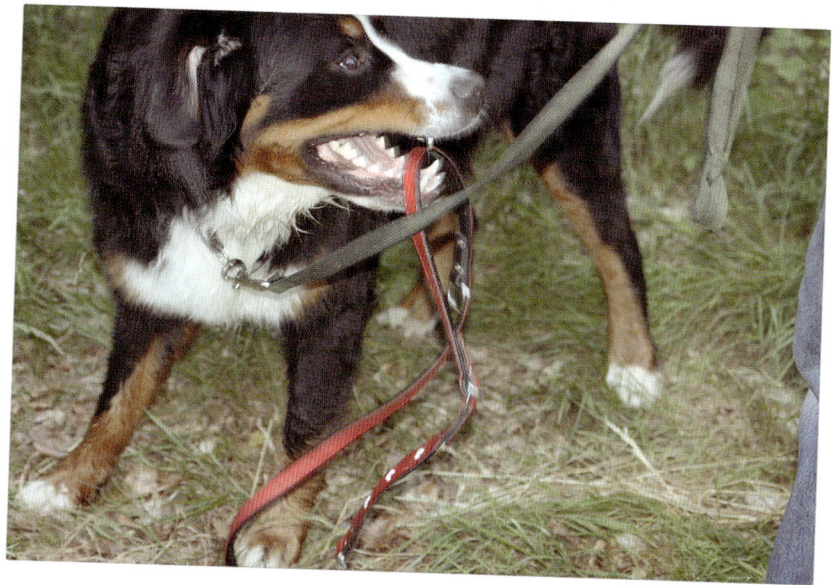

Kleine Auseinandersetzungen sind das Salz im Alltagsleben

Nun beginnt Phase 2: Ich hole mir den Delinquenten mal ganz nah zu mir, Nase an Nase, und man merkt und sieht, dass er sich sichtlich unwohl fühlt. Dann sag ich ihm aus der Tiefe meines Bauches: I mog des ned! Her auf damit! (Ich mag das nicht! Hör auf damit!)

Dabei wähle ich eine Tonlage, die sehr unmissverständlich ist: ohne laut zu schreien oder hysterisch zu werden, nur klar und deutlich. Und dann ist das auch geklärt. Dann darf er wieder weiterlaufen, und ich wiederhole das Ganze bei unserem Spaziergang so oft es eben nötig ist.

Und siehe da, nach zwei Tagen haben wir so gut wie keine Nase-an-Nase-Gespräche mehr; er kommt wie ein Lämmlein angelaufen und bekommt dafür Lob und Leckerli.

KAPITEL 8

Hundeerziehung kann ja unfassbar einfach sein, wenn man konsequent, klar und deutlich ist und einfach mal aufhört, mit dem Hund zu diskutieren. „Hier!" heißt nun mal „hier" und nicht „vielleicht hier".

Das Hauptproblem bei uns war die Wahrnehmung. Für uns Zweibeiner gibt es ganz viele Nuancen. Schauen wir uns Lucky mal beim Abrufen an:

Ein beherztes „Lucky, hier!" kommt aus meinem Munde. Früher war das mehr so ein „Send and Pray"-Verfahren. Wir senden eine Botschaft: Lucky, komm! – und beten, dass er kommt. Das hat sich geändert. Heute ist es ein „Send and Expect"-Verfahren. Wir senden eine klare Botschaft und erwarten, dass er kommt.

Nun schauen wir, was passiert.

Bester Fall: Er dreht sich um und spurtet an mein linkes Hosenbein. Das finden wir Super+ mit Stern, und bei Super+ mit Stern greift man irgendwie ganz tief in den SuperHunterDeLuxe-Beutel und Hundilein bekommt reichlich Futter.

Zweitbester Fall: Er denkt kurz drüber nach und spurtet dann. Ein Super, also bekommt er noch zwei Leckerlis.

Nicht mehr so cool: Ich muss ihn zweimal abrufen bis er kommt. Das ist dann ein „Naja", aber er bekommt immer noch ein Leckerli.

Auch dafür bekommen wir Schelte von unserer Hundetrainerin. Wir unterscheiden die Qualität beziehungsweise die Geschwindigkeit des Hierherkommens und geben ihm unterschiedlich viele Leckerlis.

> *Binärsystem beachten!*
> *Ja oder nein.*
> *Schwarz oder weiß.*
> *Dazwischen gibt es nix!*

Für Hundi ist das alles eins. Er kann nicht unterscheiden, ob er ein oder zwei Futterstücke bekommt.

Die Wende

Nur den schlechtesten Fall kann er unterscheiden. Lucky mag gar nicht kommen, ich maßregle ihn und der Schnabel bleibt trocken. Dann weiß er: Mist, nix zu fressen bekommen.

Mittlerweile hat Lucky ein neues Körbchen. Eigentlich sieht das eher aus wie das Schlauchboot aus meiner Kindheit, nur in blau. Da darf Lucky jetzt immer rein, wenn wir essen. Weil wir nett sind zu Lucky, haben wir sein Körbchen strategisch so positioniert, dass er alles überschauen kann, was sich im Wohnzimmer abspielt.

> **Falsch!**
> Das bestärkt einen dominanten Hund in seiner Rolle. Klar sollte man das Körbchen nicht in einem Extrazimmer am anderen Ende des Hauses positionieren, aber auch nicht mitten im Zimmer. Der Korb sollte an einer Stelle stehen, von wo aus der Hund gut sehen kann, aber er darf nicht Mittelpunkt des Geschehens sein.

„Lucky, in den Korb!" Selbst das verinnerlicht er langsam und geht brav in sein Schlauchboot, wenn wir das wollen. Dann legt er die Schnauze auf die Reling und kontrolliert sein Revier. Eben!

Ok, er bleibt noch nicht besonders lange drin. Unser Leichtmatrose macht sich nach ein paar Minuten selbstständig von Bord, aber der September ist ja noch nicht vorüber.

Wir wähnen uns schon so langsam im Olymp der Hundeerziehung; aus Muffel wird langsam wieder Lucky. Beim Abrufen kommt er fast immer sofort. Manchmal baut er eine kleine „künstlerische Pause" ein. Da hab ich immer den Eindruck, dass er es

Ahoi, Kaptain

KAPITEL 8

noch mal ausprobieren will, aber beim zweiten Pfiff steht er dann doch „Gewehr bei Fuß".

Er macht Sitz, wenn man es ihm sagt, den Blick immer auf die Leckerli-Tasche gerichtet, und er geht sogar schon etwas bei Fuß.

Wenn Emmy, die Wunderschäferhündin von Kerstin, bei Fuß geht, ist das schon ein Kunstwerk. Die läuft so unfassbar präzise neben dem Bein, kein Mini-Schritt zu weit vorne, kein Tapser zu weit hinten, jeder Tempowechsel wird sofort umgesetzt. Das ist so, als würde man mit einem dicken S-Klasse-Mercedes in eines dieser viel zu kleinen Münchner Parkhäuser fahren und gekonnt in einem Zug ohne Schrammen in die Parklücke stoßen, die eigentlich nur Polo-Größe hat.

Dann rufe ich: „Lucky, bei Fuß!"

Muffel kommt einigermaßen zügig an meine Seite und guckt. Wie, kein Leckerli? Nein, falsche Seite! Ah, ok, dann mal rum um den Mann. Dann schnoddelt er so im Radius von einem Meter um mein linkes Hosenbein und blickt auf; na gut, er giert auf und wartet darauf, dass es Dibo-Mini-Leckerli-Mix regnet. Einparktechnisch braucht er einen leeren Supermarkt-Parkplatz und kommt mit seinem Polo irgendwie zwischen zwei Parkplätzen zum Stehen.

Wenn ich am Schreibtisch eine Kleinigkeit esse, legt er sich daneben, natürlich nicht ohne einen kleinen Seufzer loszulassen, und wartet brav ab. Dann bekommt er von mir zum Schluss auch einen kleinen Brocken ab, was immer ich gerade esse.

Mit diesen mächtigen Fortschritten blicken wir gelassen unserer nächsten kleinen Prüfung entgegen. Mit unseren Hundetrainern Kerstin und Michael treffen wir uns alle 1-2 Wochen, heute steht die nächste Stunde an. Normalerweise hole ich mir meine verbal nett verpackten Standpauken ab und

Die Wende

dazu ein paar Tipps und Tricks. Das soll heute mal anders werden, heute wollen wir uns endlich einmal etwas Lob abholen.

Am Anfang unserer Gassi-Runde mit den beiden Trainern benimmt sich Lucky etwas suboptimal. Die Schnauze nach unten wie ein Großstaubsauger schnüffelt er alles ab, was ihm vor die Nase kommt. Er zieht und zerrt erst mal in Richtung kleine Wiese, und die beiden Trainer zeigen alles andere als zufriedene Mienen. Wir holen unseren Muffel über einen sehr deutlichen Zug an der Schleppleine zu uns und es gibt ein kurzes Nase-an-Nase-Gespräch. Danach klappt es besser.

Wir gehen und reden so vor uns hin und ich frage die Trainer Löcher in den Bauch. Abrufen und Sitz und Platz würde ja schon ganz gut funktionieren. Sollen und dürfen wir nun weitere tolle Tricks und weitere tolle Dinge üben? Da lacht der Michael. So, so, Sitz funktioniert also schon? Logisch, sage ich, wir sind fast perfekt!

Also: „Lucky, hier!" Das klappt. Und nun: „Lucky, Sitz!" Klappt auch.

Dann klatscht Michael mal eben laut in die Hände und Muffel springt sofort irritiert auf und will auch da hin, wo die Hände so toll klatschen. So, so, meint Michael, Sitz klappt also?

Na gut, Sitz klappt unter Laborbedingungen, bei Ablenkung noch nicht so ganz... Es fehlt noch ein klein wenig an Nachhaltigkeit. 🐾 🐾

Außerdem sind wir immer noch zu inflationär mit unseren Hörzei-

> **Die Lerngesetze beachten!**
> *Vom einfachen zum komplizierten, vom leichten zum schweren. Hundebesitzer tendieren dazu, zu früh zu schnell das vermeintlich Gelernte als sicher abzufragen. Verhalten ist noch nicht konditioniert, Triebbestätigungen beim Führer noch nicht ausgearbeitet. Somit wird der Hund dem Triebziel folgen und entsprechend ausbrechen.*
> *Tipp: Wenn man glaubt, ein Hund kann z.B. Sitz, mindestens die doppelte Anzahl an Einheiten vor Bestellung des nächsten Trainingszieles ansetzen.*

Kapitel 8

chen. Michael meint, wenn wir so weitermachen, bekommt der Hund einen Lucky-Tinnitus und denkt sich, das Geräusch gehört einfach zum Leben dazu, auch wenn's irgendwie nervt.

Wenn ich will, dass der Hund kommt, dann habe ich zwei Wege.

Erstens: Ein Pfiff, der dem Hund signalisieren soll: Komm her! Dann aber auch das Hörzeichen „Lucky, hier!". Ich soll mich doch bitte mal auf ein Zeichen festlegen und das zweite bitte weglassen. Es ist völlig sinnfrei, für ein und dieselbe Handlung zwei unterschiedliche Hörzeichen zu benutzen.

Erst mal Pause, nur nichts übertreiben

Und dann haben wir auch noch ein Problem mit den Handzeichen und Hörzeichen.

Wenn Lucky Sitz machen soll, dann hebe ich den Zeigefinger – und sage auch noch „Sitz!". Wenn Lucky Platz machen soll, dann senke ich den Zeigefinger nach unten und sage: „Platz!".

Der Hund ist doch nicht taub. Wenn er es wäre, dann wären die Handzeichen gut. Aber er hat ja zwei gesunde Ohren. Also: Weg mit den Handzeichen, nur Hörlaute.

Die Wende

Das ist so ein Ritual, das sich über ein Jahr so eingeschlichen hat, und es ist zugegebenermaßen echt schwierig, die Handzeichen wegzulassen.

Zum Schluss unserer Darbietung gibt es ein kleines Beispiel von „Lucky, fly by!". Dann soll er brav neben mir herlaufen. Dabei läuft Lucky mehr oder weniger in Hosenbeinnähe. Die Trainer sind nicht begeistert, aber sie lassen uns die Performance durchgehen. Lucky soll ja nicht zum Schutzhund ausgebildet werden, oder?

Wenn ja, dann müssen wir da noch viel arbeiten. Unser Muffel läuft halt irgendwie in unserer Nähe. Aber das ist dann auch eine Frage des Anspruchs, den man an den Hund stellt.

Alles in allem haben wir heute weniger Standpauken bekommen, es wird besser mit uns und Lucky. Und nicht geschimpft ist gelobt genug ☺.

Bei dem Verhalten, das Lucky im Moment an den Tag legt, sind unsere Hundetrainer fast ein wenig angetan. Die beiden sind der Meinung, dass in unserem Hund noch viel mehr steckt als das, was wir bei ihm abrufen. Na wartet, ihr beiden, an uns soll es nicht liegen!

Wir sind Neu-Hundemenschen aber Alt-Katzenmenschen. Seit gut 20 Jahren haben wir immer Katzen um uns rum, mal mehr, mal weniger.

Ob Katze oder Hund schlauer, netter, angenehmer oder was auch immer ist, spielt keine Rolle. Ich sehe es mal ganz pragmatisch.

> *Ein Hund kann auf Hör- und Sichtzeichen trainiert werden. Dies ist jedoch dem Einsatzzweck anzupassen. Bei Training mit nur Sichtzeichen wird natürlich die Aufmerksamkeit des Hundes gefordert. Aber warum wurde in diesem Fall davon abgeraten? Der Hundeführer ist einfach nicht so weit, die Signale eindeutig im passenden Moment wiederzugeben. Um beide vor Verwirrung zu bewahren, hat Michael die Anweisung gegeben, die Arbeit nur auf Hörzeichen zu reduzieren. Weil, wenn der Hund ums Eck ist, ja da kann man mit den Händen wedeln, wie man will... Wird wohl nix mehr helfen, wenn der Hund auf Sichtzeichen reagieren soll.*

ICH MACHE MIR DIESE WELT UNTERTAN
...

Kapitel 8

Wenn die Katze krank ist, geht's zum Tierarzt. Der untersucht und diagnostiziert und gibt uns immer irgendwelche Tabletten mit den Worten: Jeden Tag eine halbe.

Da steht man dann zu Hause mit einer halben Tablette in der Hand. Erst mal kleinmachen, am besten pulverisieren. Das erste Problem: Die kranke Katze soll das ja fressen, nicht die anderen. So bugsiert man das kranke Tier auf eine andere Fensterbank und rührt das Pulver in Milch ein oder streut es auf ein Stück Leberkäse und reicht es dem leidenden Wesen.

Aber was macht das kranke Miststück: schnüffelt am Essen, dreht sich, hebt den Kopf und stolziert von dannen. Katzen riechen oder schmecken das Medikament; und unsere denken nicht im Traum daran, das Zeug zu fressen. Mensch, Tiermedikamentenhersteller, kann man da nicht irgendwelche wohlriechenden Aromastoffe untermischen, die nach Mäusefell riechen?

Das gleiche Szenario mit dem Hund: Die Tablette, ungefähr 20-mal größer, teile ich einfach in zwei Teile, packe jede halbe Tablette in ein Stück Wurst, und Hundi frisst es gierig auf, ohne darüber nachzudenken, was er da schluckt. So ein Hund ist einfach pflegeleicht und nicht wählerisch – in solchen Fällen eben herrlich einfach.

Aber das sind Nebenkriegsschauplätze. Bounty hat mittlerweile vier kleine Katzen geworfen. Die haben wir in den letzten Wochen sehr intensiv begleiten dürfen. Die ersten zwei Wochen mit den blinden Mini-Knäuels sind eher ereignisarm. Die sind da und Bounty auch, und sie kümmert sich um die Jungen. Sind die Augen erst mal offen, wird der Kleinkram Tag für Tag frecher. Anfangs hat sich Bounty wirklich alles von ihren Kleinen gefallen lassen. Egal, ob die ihr im Gesicht rumtrampeln, maunzend am Schwanz spielen oder was auch immer, Bounty erträgt alles mit stoischer Ruhe.

Aber Woche für Woche ändert sich das. Nach sechs Wochen ist die Alte sichtlich genervt von ihrem Nachwuchs und zeigt das auch deutlich. Wer

Die Wende

nicht spurt und seine Krallen nicht einzieht beim Spielen, zieht sich den Zorn der Katzenmutter zu. So lernen die Katzen, wie man miteinander umgeht.

Ich weiß nicht, ob man das alles so auf Hunde-Erziehung ummünzen kann, aber: Die alte Katze gibt den Kleinen nicht nur Liebe und Hingabe, sondern ab und an auch die Sporen. In der Katzen-Natur jedenfalls besteht die Erziehung nicht nur aus Kuscheln, sondern auch aus Strafen.

Das habe ich mir beim Hund auch so angeeignet. Es gibt bei unserer Erziehung nicht nur Leckerli, sondern auch mal harte Worte. Ein „Nein!" ist halt einfach ein Nein, Schluss, Aus, Ende!

Na also, geht doch!

Es ist nicht nur so, dass der Hund öfters an der Leine hängt, auch wir hängen irgendwie mit dran. Zum Beispiel, wenn man mal für ein oder zwei Tage wegfahren oder auch mal länger in ein schönes Land zum Ausspannen möchte. Stellt sich die Frage: Wohin mit Hundilein oder wen können wir als Hundesitter akquirieren?

Die einfachste Art: Ab ins Internet und schauen, wo die nächste Hundepension ist, Muffel anmelden und ab mit ihm ins Pfotenhotel. So denkt man zumindest, wenn man keinen Hund besitzt. Wenn man aber Hundi 24 Stunden 7 Tage die Woche bei sich hat, ändert sich das irgendwie.

Kapitel 8

Bevor wir einen Hund hatten, galt für Tierpensionen die Unschuldsvermutung. Die sind bestimmt in Ordnung und werden sich um unseren Fellbatzen liebevoll und artgerecht kümmern. Und ganz ehrlich: Bei 99 von 100 ist das ganz bestimmt auch so.

Hat man dann einen Hund, denkt man sich irgendwie: Ja, schöne Rezeption, fast wie in einem Hotel. Alles super sauber hier und alle sooo höflich, da kann was nicht stimmen. Die haben bestimmt im schalldichten Keller lauter 1x1 Meter Gitterboxen übereinander gestapelt, in die sie die Hunde pferchen, sobald wir vom Hof sind. Und die anderen Hunde, die hier so glücklich auf der Wiese tollen, sind ganz bestimmt nur Alibi-Hunde, die dem Tierpensionsbesitzer gehören.

Irgendwie glaubt man, dass es dem Hund nur bei einem selbst gut geht. Oder zumindest in der gewohnten Umgebung zu Hause.

Auf den Freundes- und Bekanntenkreis können wir nicht unbedingt bauen. Als kleiner Hund hat er bei jedem mit seinen Reißzähnen gekuschelt und über die Monate hat auch jeder eine dreckige Hose abbekommen. Dann kommt meine Mutter ins Spiel, die immer noch erstaunlich positiv auf den Hund reagiert.

Allerdings haben die beiden grundverschiedene Ansichten über den Tagesablauf. Lucky braucht morgens eine gute halbe Stunde Beschäftigung und abends will er auch ganz gerne noch mal um die Häuser ziehen. Dazwischen testet er unterschiedlich weiche Plätze im Haus. Das Sofa von der Oma mag er recht gerne, auch die etwas härteren breiten Sessel im Wintergarten sind für ein ausgiebiges Mittagsschläfchen prima geeignet. Aber am allerallerliebsten verbringt er seine Nachmittage im Schlafzimmer – und zwar im Bett.

Meine Mutter hingegen ist eine stramme Wanderin. Mit Sofa-Lümmeln und Fernsehschauen am Nachmittag hat sie's so gar nicht.

Die Wende

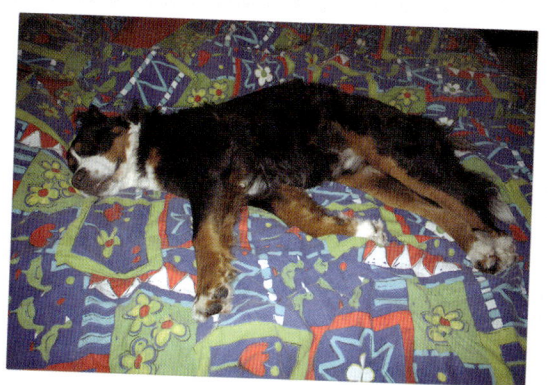

Chrrrrr, chrrrrrrr, chhhrrrrrrrrrrr

Also sucht sie noch vor Luckys Mittagsschlaf mit der Leine bewaffnet nach dem Hund. Der – ich vermute mal, er schaut jetzt etwas verblüfft – hat keine Fluchtmöglichkeit, und so geht es mittags für eineinhalb Stunden über Stock und Stein. Für meine Mutter ein kleines Aufwärmtraining, für unsere Couch-Potato hingegen wie ein Gewaltmarsch durch die Pyrenäen.

Jedenfalls versucht er, die nächsten Stunden wieder zu Kräften zu kommen und verkrümelt sich ins Bett. Nachdem es mittlerweile schon gegen 19 Uhr langsam dunkel wird, nimmt die hartgesottene Wanderin bereits um 17 Uhr den kleinen Abendspaziergang in Angriff. Ich vermute, Lucky wendet sich beim Anblick der Leine leidend ab. Aber er hat keine Chance. Zack, angeleint, zack, runtergezogen vom Bett und zack im strammen Schritt ab Richtung Tür.

Oh nein, nicht schon wieder spazieren gehen

Wir kamen an diesem Tag so gegen 21 Uhr zurück. Tür auf, kein Hund. „Lucky!" – keine Reaktion. Small Talk mit

ICH MACHE MIR DIESE WELT UNTERTAN ...

Kapitel 8

Mein Kürbis!

Mama, und dann quält sich ein völlig entkräftetes Hundilein die Treppe runter. Ein kurzer Schwanzwedler, ein ziemlich tiefer Seufzer und ein Glubschaugen-Blick. Der ist ja mal richtig ausgepowert!

Auch in punkto Essgewohnheiten haben beide so ihre eigenen Vorstellungen. Meine Ma isst grundsätzlich gesund, Gemüse, Salat, Körnchen, Obst, Brennnesseltee und so weiter. Lucky ist mehr so wie ich: ein echter Fleischfresser – und ein Salatblatt mit geriebener Mohrrübe im Napf setzt bei ihm keinerlei Glückshormone frei. Na komm, Lucky, kriegst ein Würstchen!

> Der Hund ist jung und gesund. Kein Mitleid für einen ausgepowerten Hund! Hier nicht vermenschlichen. Die Mutter ist über 60 Jahre alt – sie legt keinen Marathon hin, bei dem man von Überforderung sprechen könnte.

Die Wende

Vergiss es. Mein Kürbis!

ICH MACHE MIR DIESE WELT UNTERTAN ...

Kapitel 9
Beziehungskisten

Du auch wau, oder andere Sprache?

Kapitel 9

In unserem ersten Hundebuch stand drin, dass man eine Beziehung zu seinem Hund aufbauen kann. Stand auch im zweiten Buch und im Internet auf den Hunde-Informationsseiten steht das auch. Nur, nirgendwo steht drin, wie man das macht. Was ist das denn, eine Beziehung zu seinem Hund aufbauen?

Wenn ich morgen einen neuen Job annehmen würde, dann komme ich in ein neues Umfeld mit neuen Kollegen und Kolleginnen, die ich nicht kenne und die mich nicht kennen. Über die Wochen und Monate hinweg bauen sich dann ganz automatisch Beziehungen auf. Man redet miteinander, verbringt die Mittagspause zusammen, man lacht und tratscht, man geht mit dem einen oder anderen auch mal abends ein Bierchen trinken. Mit manchen schließt man Freundschaften, andere meidet man eher. Man kann sich seine neuen Kollegen nicht aussuchen, aber es entwickelt sich ein komplexes Beziehungsgeflecht. Wir haben die Wahl, mit wem wir reden oder ein Bierchen trinken. Und wir können auch kündigen, wenn es uns gar nicht gefällt.

Hundi hingegen hat in aller Regel lebenslänglich. Wir haben ihn gekauft, er gehört quasi uns.

Der Hund kann Glück haben. Dann haben die neuen Hundebesitzer zumindest ein wenig Ahnung von Hunden, und Herrchen und/oder Frauchen kommen super mit ihm klar.

Er kann auch Pech haben. Dann kommt er zu einer Familie, die sich gar nicht mit Hunden auskennt und denen der beste neue Freund im schlimmsten Fall über den Kopf wächst. Oder er kommt an einen Besitzer, der Hunde nicht artgerecht halten kann oder will, oder er wird geschlagen, vernachlässigt oder – wie bei uns am Anfang – gar nicht erzogen.

Nach vielen Gesprächen mit unseren Hundetrainern und unseren eigenen Erfahrungen aus den letzten 15 Monaten würde ich das mal so zusammenfassen:

Beziehungskisten

Wir haben Glück gehabt mit der Rasse. Da wir Lucky am Anfang nicht wirklich erzogen haben, hat er einfach ein Eigenleben entwickelt. Die beiden Zweibeiner werden nicht wirklich als Führungspersönlichkeiten akzeptiert, sind aber ganz nützliche Dosenöffner. Und wenn der Alte nicht sagt, wo's langgeht, dann geht der Hund halt seine eigenen Wege. Hat er auch ausgiebig gemacht bei seinen Solo-Streifzügen durch Flora und Fauna.

Chrrr, chrrrrr ...

Hätten wir uns einen Hund mit einem ausgeprägten Jagdtrieb geholt, würden wir sicher ein paar gerissene Rehlein und Häschen zu Hause haben. Dann müssten wir die Tiere wie die alten Wilderer nachts heimlich schlachten oder uns einen verschwiegenen Metzger suchen. Oder Lucky hätte nicht ganz zu Unrecht eine Schrotladung im Allerwertesten.

Unser Berner Sennenhund ist auch nicht aggressiv oder böse. Er fühlte sich einfach als Cheffe vom Universum, hat aber nie jemanden angegriffen. Er war eher der faule Genießer der Situation.

Obwohl wir Lucky nicht erzogen haben, ist die Rasse nicht dazu veranlagt, wirklich größere Schäden anzurichten. Eben Glück gehabt!

Wir können Ihnen letztlich auch kein Handbuch geben, wie man eine gute Beziehung zum Hund aufbauen kann. Wir können Ihnen nur erzählen, was wir alles richtig und falsch gemacht haben – aus unserer Sicht.

Kapitel 9

Wir haben eine gewisse Erwartungshaltung dem Hund gegenüber, und wenn man sich das so überlegt, dann verbieten wir ihm doch relativ viel.

Nein, der Briefträger ist nicht der Bote der Apokalypse, der bringt nur die Tierarztrechnung. Hör also auf, ihn anzukläffen.

> *Dieser „Tinnitus" (100-mal Nein pro Tag führt beim Hund zu einem so genannten Hörzeichengrundrauschen im Ohr), der zur Wertlosigkeit des Hörzeichens führt, ist wiederum für die Ausführungsqualität des Hörzeichens desaströs.*

Nein, hör auf, die Leute vor lauter Freude anzuspringen. Die lieben ihre Klamotten ohne Pfotenabdrücke – ich übrigens auch. Und so weiter und so fort. Ich muss wirklich mal mitzählen, wie oft ich am Tag „Nein!" sage…

Der Hund hat aber auch Bedürfnisse. Wenn wir ihm vieles verbieten, was er doch so gerne machen würde, dann müssen wir ihm auch mal Zuckerbrot geben, nicht immer nur die „Nein-Peitsche".

Der Hund hat Hunger, will essen und trinken. Er will mal raus, weil er mal muss. Wenn er krank ist, sollte man den Tierarzt konsultieren. Man sollte Muffel impfen, ihm ab und an mal das Fell reinigen (auch wenn unser Berner da keinen Wert drauf legt, wir schon). Diese rudimentären Dinge zu geben, bringt aber noch keine wirkliche Beziehung; man lebt eher nebeneinander in einer Wohngemeinschaft.

Ödes Spazierengehen ist nicht gerade die Erfüllung seines Lebens. Also powern wir unseren Berner immer mal wieder so richtig aus. Das funktioniert bei ihm ganz einfach. Ingrid hat mal so eine Art Angel gekauft, an die man ein Spielzeug binden kann. Die Angel hat einen Radius von 3-4 Metern, aber das reicht völlig aus. Gekonnt jagen wir den Hund damit durch den Garten, möglichst ohne dass er das Spielzeug erwischt. Nach zwei Minuten braucht er dann die erste Pause ☺ und bekommt aus der Hand ein paar Leckerlis. Wenn man das Spiel 2-3 Mal wiederholt, ist der Berner-Sennen-Koloss völlig fertig und sucht sich ein Plätzchen zur Regenerierung. Aber das braucht er einfach ab und zu.

Auch beim Spazierengehen bauen wir immer ein paar Minuten ein, in denen er etwas anderes machen soll, als nur an den Fährten rumzuschnüffeln. Ich nutze da, was ich gerade finde. Mal werfen wir ein Stöckchen, aber das wird für Lucky nach 2-3 Mal langweilig. Wenn wir im Wald sind, machen wir Baum-Slalom bei Fuß. Dann muss er mal rechts rum laufen, mal links rum um Bäume, immer möglichst nah am linken Hosenbein, und bekommt reichlich Leckerli und Lob – wenn's denn klappt.

Auch mit der Schleppleine kann man prima Versteck spielen. Wenn er wieder mal so rumschnoddelt, dann verstecken wir uns hinter einem Holzstoß oder ein paar Fichten oder Büschen.

Ganz oben am Waldrand hat der Besitzer eine Holzbank aufgestellt. Das hat mich zwei Wochen und geschätzte 2 kg Futter gekostet, bis er da endlich mal raufgesprungen ist. Nun macht er es. Das sind lauter Kleinigkeiten, den Hund zu fordern und zu fördern. Da wird jeder Hundebesitzer seine eigenen Wege finden, je nachdem, was die Umgebung gerade bietet. Aber Hundilein gefällt es.

So langsam aber sicher gewinnen wir wieder die Oberhand über Haus und Hof, und er akzeptiert uns als Rudelführer. Nicht immer, aber immer öfter. Das ist ein langsamer Prozess, den man nur mit Geduld und Konsequenz erreichen kann. Wir haben irgendwie den Eindruck, dass ihm das gefällt. Er ist deutlich entspannter, hat vielleicht nicht mehr den Stress, dass er sich um alles kümmern muss, und vertraut darauf, dass wir die Dinge regeln.

Das hat bestimmt auch etwas damit zu tun, dass wir uns besser verstehen, im wahrsten Sinne des Wortes. Man muss als Nicht-Hundemensch einfach lernen, wie ein Hund tickt.

> *Wie gesagt, Hunde brauchen Strukturen. Dann sind sie artgerecht gehalten und glücklich.*

Kapitel 9

Ich darf gar nicht zurückdenken. Beim ersten Katzenwurf von Mini-Me hab ich mich neben ihn auf den Boden gesetzt und ihm einen 15-minütigen Vortrag gehalten, warum es schlecht ist, wenn er eine kleine Katze frisst. Irgendwann hat er sich gelangweilt abgewendet und wohl gedacht, dass ich heute meinen redseligen Abend habe. Er hat genau eines verstanden: Bahnhof!

Wenn ich heute aus dem Augenwinkel sehe, dass er eine Katze fixiert, kommt ein klares „Nein!". Das versteht er langsam.

Ein Hund ist kein Mensch; man kann auch nicht mit dem süßen kleinen Vierbeiner kommunizieren wie mit einem Menschen. Also, kann man schon, aber das ist ziemlich sinn- und ergebnisfrei. Wenn Sie dem Hund in blumigen

Zwei Nasen!

Worten erklären, dass sich ein Sofakissen auf dem Sofa wohlfühlt und draußen im Garten friert, wird das Sofakissen morgen wieder im Garten liegen.

Ich glaube, dass Lucky ein Gespür dafür hat, was wir sagen. Er kann wohl keine Worte erkennen, sondern er macht es eher an der Tonlage aus. Wenn er etwas gut gemacht hat, merkt er an der Art, wie ich es sage, dass ich zufrieden bin. Ob ich ihm ein „Super Hundi, gut gemacht, wir werden bald die besten Freunde sein" oder „Krieg und Frieden" in einer netten Art vorlese, ist völlig egal – er freut sich.

Neben der Art, wie man etwas sagt, ist auch die Körperhaltung für den Hund entscheidend. Er beobachtet uns so oder so die ganze Zeit und hat eine feine Beobachtungsgabe. Er weiß einfach, ob wir sauer oder fröhlich sind.

So wie uns der Hund andauernd beobachtet, sollten wir bei unserem Buddy wenigstens die wichtigsten Anzeichen erkennen.

Zum Beispiel wenn Muffel die Ohren anlegt, der Schwanz geht leicht nach oben und man merkt, dass sich der gesamte Körper anspannt. Die Bewegungen verlangsamen sich wie bei einem anschleichenden Tiger.

Wenn das passiert, müssen wir sofort handeln und gegensteuern, sonst explodiert er wie ein Urknall und Nachbars Katerchen ist in höchster Not. Den mag er nämlich nicht.

Wenn schon nicht König der Welt, dann Fürst des Gartens!

ICH MACHE MIR DIESE WELT UNTERTAN …

Kapitel 9

Zeit zum Abnabeln

Seit vielen Monaten darf Lucky außerhalb des Gartenzauns nur an der Leine spazieren gehen. Vor diesem Schritt hat sich Muffel andauernd aus dem Staub gemacht und Wald und Wiesen auf eigene Faust erkundet. Aus seiner Sicht war das wahrscheinlich der Garten Eden, für uns aber irgendwie stressig. Ein „Irrer Ivan" und weg war er; abrufen ging gar nicht.

Also mussten wir warten, bis Lucky sich gnädigerweise wieder zu uns begab. Oder wir liefen schreiend und wild gestikulierend hinter seiner Fährte her. Naja, ein Fehler, der uns heute nur noch ein müdes Lächeln entlockt, denn heute wissen wir, dass es viel schlauer ist, sich vom Hund wegzubewegen, statt ihm nachzurennen.

Dann kam die Zeit der Leine. Da gab es für Lucky nichts mehr zu diskutieren, er konnte nicht mehr ausbüchsen. So eine Leine ist zugegebenermaßen ein sehr bequemes Tool der Stressbewältigung. Auch wenn wir jetzt selbst über Stock und Stein rennen müssen, es ist stressfreier. Wir müssen nicht mehr andauernd den Hund beobachten und hoffen, dass er sich nicht in der nächsten Sekunde vom Acker macht. In der Anfangszeit hat Hundilein versucht, gegen die Leine aufzubegehren, mit allen Mitteln. Blutgrätsche von hinten, Leine schnappen und reinbeißen und zerren bis hin zum glubschaugen. Aber wir sind hart geblieben, und irgendwann hat er sich mit der Leine arrangiert. Ist halt so, na gut.

Ziemlich am Anfang unserer Hundeerziehung 2.0 hat uns Michael erklärt, dass der Erziehungsprozess nicht linear erfolgen wird. In der Anfangsphase muss man sehr viel Zeit und Energie aufbringen, ohne nennenswerte Erfolge zu erkennen. Kann ich aus heutiger Sicht nur unterschreiben. Da plagt man sich und versucht alles, um Hundilein einige Manieren beizubringen – und er ignoriert uns standhaft. Da gibt es dann Tage, die sehr frustrierend sind. Man sieht immer mal wieder ganz kleine Besserungsansätze, und am nächsten Tag ist er wieder da, der alte Lucky, mit all seinen Unarten.

BEZIEHUNGSKISTEN

Irgendwann macht es dann zum ersten Mal Klick und die Lernkurve steigt ein klein wenig an. Das Klick muss übrigens bei beiden erfolgen: beim Hund und bei den Besitzern. Es wird besser und die Erfolge werden nachhaltiger. Ich kann den Hund fast immer sofort abrufen (an der Leine unter Laborbedingungen), er macht Sitz und Platz, wenn wir das wollen. Und das Coole: Am nächsten Tag hat er es nicht vergessen, er kann es immer noch! Da macht das Training mit dem Hundi auf einmal viel mehr Spaß.

Ist dieser Punkt einmal erreicht, steigt laut Michael die Lern- und Erfolgskurve stetig an. Juhuu, ich sehe Lucky schon durch brennende Reifen springen und Salto rückwärts machen. Aber bleiben wir zunächst auf dem Boden der rudimentären Erziehungsrealität und fangen mit einfacheren Dingen an, zum Beispiel den Hund abzunabeln und auch mal ohne Leine laufen zu lassen.

Ergib dich, Wühlmaus!

Die erste Hälfte des Spaziergangs werden wir in jedem Fall nur mit der Leine gehen. Während wir so nebeneinander durch die Wiesen laufen, darf Lucky immer mal wieder ein Hörzeichen ausführen. „Lucky, hier!" – und schon kommt er angespurtet. Oder ein „bei!", dann darf er neben dem linken Hosenbein zu uns aufblicken. Man merkt dann einfach selbst, ob Hundilein hört oder nicht. Wir sind ja alle nicht jeden Tag gleich gut drauf. Mal ist der Hund etwas „neben der Spur", mal wir. Wenn wir merken, dass es gerade nicht so richtig harmonisch läuft, sollen

Kapitel 9

wir den Hund auch nicht ableinen, meint Kerstin. Vor einigen Tagen habe ich beim Zurückgehen über eine große Wiese dann mal die Schleppleine fallen lassen.

Das ist ein bisschen komisch, weil man im Kopf immer noch die alten Bilder hat: Hundi bekommt den „Irren Ivan" und ward nicht mehr gesehen. Man ist dann immer geneigt, die Befehle besonders zu betonen oder irgendwie sich anders – vielleicht aufgeregter – zu benehmen.

Michael hat uns ein paar Tipps mit auf den Weg gegeben: Benimm dich nicht anders als sonst. Stimme, Hörzeichen und Körperhaltung sollen identisch sein, egal ob mit oder ohne Leine.

Das erste Leine loslassen war witzig, Lucky will seine neue Freiheit gar nicht nutzen. Er war eher auf „auto-bei" eingestellt, läuft ohne Hörzeichen neben mir her und wartet auf Leckerli-Regen. Als er dann doch mal ein wenig über die Wiese fegte, genügt ein kurzes „Lucky, hier!" und er steht Gewehr bei Fuß. Prima, langsam wachsen wir zusammen.

Die Relativitätstheorie der Hundeerziehung

Laut Statistik gibt es in Deutschland etwa 5,3 Millionen registrierte Hunde. Da sind die Einnahmen aus der Hundesteuer ein echter Aktivposten im Haushalt der Gemeinden.

Aber egal, immer wenn wir irgendwo sind, wo sich andere Hunde aufhalten, ist unser Lucky der unerzogene Rüpel und alle anderen Hunde benehmen sich mehr oder weniger gut. Zumindest hören die einigermaßen auf das, was ihr Besitzer sagt.

Betrachten wir den heutigen Stand von Luckys Erziehung, dann ist diese – in Relation zum Stand vor etwa sechs Monaten – deutlich besser geworden. Vergleichen wir Lucky aber mit Emmy, der coolen Schäferhündin von Kerstin, dann ist er am unteren Ende der Skala, ganz links außen.

Stellt sich die Frage: Sollen wir uns jetzt freuen oder weinen?

Umkehrfrage: Wo wären wir mit Lucky wohl, wenn wir nicht wenigstens einigermaßen mit ihm gearbeitet hätten?

Vielleicht hätte er sich leinenfrei bis zur Gemeindestraße durchgeschlagen und den VW Polo mit einem großen Wildtier verwechselt. Voller Freude und Eifer hätte er sich in die Stoßfänger verbissen, um dann – ein paar Knochenbrüche später – in der Tierklinik zu erkennen: verdammt krasses Tier, dieser Polo.

Oder er hätte einen Iveco 40-Tonner zum Schisshase-Spiel aufgefordert. Wer als Erster ausweicht, verliert. Dann rennt er los und wäre die neue Kühlerfigur vom 40-Tonner. Denn Ausweichen ist nicht seins.

Und die Versicherungsgesellschaft würde uns bei der Schadenshöhe wohl die Kundenkarte nebst Versicherungsschutz entziehen.

Kapitel 9

Aber all das ist Konjunktiv. Sicher ist: Auch wenn wir jetzt nicht die Mega-Erziehungserfolge erzielt haben ob unserer manchmal mangelnden Konsequenz, unsere Beziehung zum Hundilein hat sich in jedem Fall deutlich verbessert, sein Benehmen auch, und immer häufiger macht er, was wir möchten. Also: Training mit überschaubaren Ergebnissen ist in jedem Fall besser als kein Training, denn jetzt kommt er beim Abrufen meistens zurück und klebt nicht am Kühlergrill eines Lkws.

> Ein Hund – besonders in der Größe – muss in der heutigen Gesellschaft erzogen sein! Das ist die Verantwortung jedes Hundebesitzers. Die Erziehung sollte ernst genommen werden. Sie ist ein MUSS.

Auf welchen Ausbildungsstand der Hundebesitzer oder die Besitzerin kommen möchte, muss jeder für sich selbst entscheiden.

> Vor der Anschaffung eines Hundes sollte man sich über Zweck und Bestimmung des Vierbeiners und über das Zusammenleben im Klaren sein. Ein Hund, der als Haus- und Hofhund in einer Einöde seinem Schutzzweck nachkommt, hat und wird in der Regel ein anderes Verhalten an den Tag legen müssen als der Gesellschafts- und Begleithund bei sonntäglichen Canasta-Runden betagter Damen.

Wir haben uns eine ziemlich lange Liste von Lernzielen einfach abgeschminkt; die werden wir ihm wohl in diesem Leben nicht mehr beibringen. Durch zwei brennende Reifen springt er nicht, auch nicht durch einen. Auch wenn man das Feuer weglässt und ihm den Hula-Hoop-Reifen senkrecht vor der Nase aufstellt: Nix, keine Anstalten, die auch nur ansatzweise darauf hindeuten, dass er dem Reifen traut. Nicht mal, wenn man ein Leckerli durchschmeißt. Hund rafft sich nur auf, läuft am Reifen vorbei, frisst das Leckerli und wedelt mit dem hinteren Ende.

Übrig bleibt unser 5-Punkte-Plan. Der ist, verglichen mit der coolen Schäferhündin, zugegebenermaßen eher dürftig. Aber wenn ich diese Fortschritte im Vergleich zu unserem alten Lucky betrachte, dann freuen wir uns einfach nur.

Beziehungskisten

1. „Nein!" ist Nein.

2. „Sitz!" ist Sitz (inkl. Betonfundament, wie Michael so nett anmerkt).

3. „Fly by!" (bei Fuß gehen) und Abrufen muss er verstehen.

> *Nein und Abrufen sind das A und O. Alles andere ist Kür.*

4. Er darf endlich meinen Kaffeetassentest bestehen. Als alter Kaffeeonkel hab ich fast immer und überall einen Mug dabei, damit der Kaffee schön warm bleibt. Nur beim Gassi gehen nicht immer. Lucky ist der Meinung, dass ich meine gesamte Aufmerksamkeit gefälligst ihm widmen soll; dazu zählen auch beide Hände. Also zerrt und zieht er mal rechts und mal links an der Leine, umrundet mich schnell zweimal und wickelt die Leine um uns beide, oder er kommt schnell aus dem Nichts angerannt und springt aus lauter Freude an mir hoch.
So klebt ständig die Hälfte des edlen Bohnensafts an Hemd, Hose, Jacke und Hund. Und der Rest versickert in der Erde. Ziel: Ich will im Winter wieder meinen heißen Kaffee zum Spazierengehen mitnehmen.

5. Und ganz zum Schluss muss Muffel auch das Zigarettenpäuschen akzeptieren. Wenn ich mich oben am Waldrand auf die kleine Bank setze, soll Lucky mal fünf Minuten Ruhe geben und gefälligst warten.

ICH MACHE MIR DIESE WELT UNTERTAN ...

Kapitel 9

Luckys kleine Schauspielschule

Die „kleine Scheiße gebaut, will aber nicht bestraft werden"-Taktik.

Dosenöffners Schuh zerlegt? Mal wieder Ohrenverstopfung gehabt und von „Lucky, hiieeer!" nix mitbekommen? Und nun steht Herrchen oder Frauchen etwas ungehalten vor dem Hund.

Macht nix. Erstens: Sofort hinlegen. Zweitens: Schnauze tief auf dem Boden positionieren. Nun einen kleinen Seufzer absetzen, der so ganz leicht in ein Winseln übergeht. Zur Sicherheit die Lichtverhältnisse vorher checken. Nun das Wichtigste: Glubschaugen megagroß aufreißen, am besten gegen das Licht, damit die unschuldigen und ganz leicht verängstigten Rehaugen op-

Es war doch nur ein Schuh, nur ein alter Schuh

timal zu Geltung kommen. Dosenöffner fixieren und nicht nachgeben. Nach wenigen Sekunden noch mal einen kleinen, herzzerreißenden Seufzer nachlegen. Klappt fast immer!

Mit kleinen Anpassungen funktioniert auch die „große Scheiße gebaut, aber mit heilem Fell davonkommen"-Taktik. Beide Schuhe zerlegt? Kopfkissen unter Dosenöffners Kopf weggezogen, in den Garten verschleppt und aus purem Übermut komplett zerlegt?

Wichtig ist hier der passende Moment. Dosenöffner sollte nicht stehen, sonder idealerweise sitzen. Dann kann man obige Taktik wiederholen, nur dass der Kopf nicht tief auf dem Boden, sondern direkt in Herrchens oder Frauchens Schoß oder zwischen den Beinen auf dem Sofa liegt. Dann kommt man einigermaßen repressalienfrei durch die schlimmsten Vergehen.

Ach ja, zum Auflösen der Situation nach einigen Minuten mit dem Schwanz wedeln und Freude heucheln.

Zur Höchstform läuft unser Pubertierender immer dann auf, wenn andere Menschen oder Hunde in der Nähe sind. Alleine auf der Wiese klappt es ja soweit ganz gut. Aber wehe ein anderer Hund oder irgendein anderer Mensch ist in der Nähe.

Dann will er einfach nur angeben. Hey, ich Hund, ich bin hier Boss, der Alte hat mir nix zu sagen! Und du? Machst Kusch und Sitz, wenn dein Dosenöffner das will? So ein Weichei bin ich nicht! Das geht dann einige Minuten so, bis wir wieder ein Nase-an-Nase-Gespräch führen. Da bin ich mittlerweile recht wortkarg, dafür aber ziemlich bestimmt. So muss unser Prahlhans dann auch Sitz machen, wenn ich Ex-Dosenöffner das will. Und dem anderen Hund gönne ich seine Schadenfreude von Herzen.

> *Konsequenz ist wichtig. Dann klappt es auch irgendwann ohne viel Druck.*

ICH MACHE MIR DIESE WELT UNTERTAN ...

Kapitel 9

Angst und Schrecken

Grande Hundi schnoddelt sich eigentlich völlig schmerzfrei durch sein Hundeleben. Andere Großhunde sind maximal Spielgefährten, aber niemals eine Bedrohung für ihn. Wenn mein Nachbar mit seinem Traktor in den Wald fährt, um Holz zu machen, jagt Lucky den Bulldog und versucht, ihm den hinteren rechten Reifen während der Fahrt abzuknabbern. Gut, dass mein Nachbar Hunde mag und höflicherweise stehen bleibt, bis ich unseren Muffel wieder an die Nylonkette gebunden habe. Der kläfft dann noch eine Minute hinter dem Trecker her, um dann seinen typischen Gesichtsausdruck „Dem hab ich es aber sauber gezeigt" aufzusetzen.

Lucky, der jetzt wieder relativ oft ohne Leine durch die Herbstwiesen rennt, bleibt auf einmal wie angewurzelt stehen. Dann weicht er eine halbe Körperlänge zurück und bellt so laut er kann. Und das ist ziemlich laut. Dann fängt er an, um irgendwas rumzulaufen, hüpft mit allen vier Pfoten hoch, wirft sich mit der Brust voran auf den Boden, immer begleitet vom ohrenbetäubenden Bell-Lärm.

Das muss ich mir anschauen! Da liegen bestimmt 24 Igel übereinander und er traut sich nicht, mit der Schnauze voran da reinzustochern. Aber da ist nix. Hey, Hund, was ist los? Hat dich das Gänseblümchen angepöbelt? Oder der Grashalm schief angeschaut? Bleib entspannt, los, wir gehen weiter.

Ich schon, nur er nicht. Lucky kläfft immer noch sein fast verblühtes Blümchen an. Abrufen geht gar nicht, kann er bei seinem eigenen Gebelle wahrscheinlich auch nicht hören. Das gibt's doch nicht, was hat er denn? Ich also wieder hin zum Grande Bello und schau mir den Ort, der für Lucky die Hölle zu sein scheint, mal genauer an. Aber da ist nichts. Das Gänseblümchen hat kapituliert und den Grashalm hat er längst niedergetrampelt. Da liegt nur noch eine kleine Vogelfeder. Lucky schaut mich an, dann kläfft er weiter auf die Wiese ein. Hmm, der wird doch nicht vor der Feder… Das kann nicht sein, oder? Ich schnappe mir die Feder und Muffel schaut mich völlig verblüfft an. Über seinem Gesicht liegt ein fast respektvoller Ausdruck.

Wenn ich die Feder in Richtung seiner Schnauze halte, dann weicht er ängstlich kläffend zurück. Ich bin sprachlos! Die Feder ist tatsächlich mächtiger als das Schwert.

Ich stecke mir diese supermächtige und extrem wirksame Megalaserfederwaffe in meine Jacke. Der nächste „Irre Ivan" kommt bestimmt. Und wenn er sich noch mal die Blutgrätsche von hinten leistet, werde ich meine Feder durchladen und den Gegenangriff starten.

Kapitel 10
Wir sind viele!

You never walk alone

Kapitel 10

Es ist Dezember geworden. Die Buchmacher nehmen keine Wetten mehr auf weiße Weihnacht an. Wir haben mittlerweile so viel Schnee, dass der selbst bei einem starken Föhneinbruch nicht mehr so schnell wegschmelzen kann. Auf dem Hof liegen gefühlte fünf Meter hohe Schneeberge, real sind es eventuell ein paar Zentimeter weniger.

Das ist genau Luckys Wetter. In der Tiefe seines Herzens ist er irgendwie ein Antarktisianer. Schneehaufen rauf, wieder runter, im Schnee wälzen, noch mehr im Schnee wälzen, und weil's so schön war, gleich noch mal oben auf dem Haufen wälzen.

Trainerin Kerstin meint, wir sollten mal mit Lucky auf eine Hundewiese spielen und trainieren gehen. Hundewiese? Für Muffel ist jede Wiese seine, also eine Hundewiese. Scheinbar gibt es aber Orte, da treffen sich Hunde und Hundebesitzer und gehen spazieren. Ohne Leine. Klingt auf jeden Fall interessant. Da wollen wir auch hin. Also darf Hund am Wochenende ins Auto, und wir pilgern zu den anderen Hundemenschen nebst Vierbeinern.

Hundewiese ist etwas untertrieben. Das Areal ist riesig. Auf der einen Seite ist ein Fluss, der Regen. Und auf der anderen Seite Richtung Bundesstraße befindet sich eine hohe Mauer. Man kann in einer Richtung gut eine Stunde spazieren gehen, ohne dass man Angst haben muss, dass Hundilein Hauptakteur der Verkehrsmeldungen wird. „Auf der A3, zwischen Anschlussstelle Regensburg Burgweinting und Klinikum, kommt ihnen (natürlich auf der linken Seite) ein Großtier entgegen. Fahren Sie bitte rechts und überholen Sie nicht. Wir melden, wenn ein 40-Tonner eine neue Kühlerfigur hat."

Der Eingang zur Hundewiese ist skurril. Dort steht ein großes Schild: „Betreten der Wiesen mit Hunden verboten". Das heißt, dass sich all die BMW-, Mercedes-, Audi- und Opelfahrer da draußen strafbar machen. Und wir mittendrin. Und Kerstin hat uns zu dieser Straftat angestiftet. Ich sehe mich schon mit Lucky auf der Polizeistation zur erkennungsdienstlichen Behandlung, Fotos von vorne, von rechts und links mit einem Schild mit

WIR SIND VIELE!

Lesen kann er halt ned, und selbst wenn, wär's ihm völlig egal!

Nummer in der Hand/Pfote. Und Lucky mag sich einfach nicht von rechts fotografieren lassen. Und Pfotenabdrücke – hmm, wird auch eine spannende Geschichte werden. Und welches Strafmaß wird uns wohl im Namen des Volkes ereilen? Lucky könnte mit einem guten Anwalt auf unzurechnungsfähig plädieren. Wenn er Schnauze runter macht, leidvoll seufzt und groß glubschaugt, könnte er damit durchkommen. Bleibt wohl doch an mir hängen.

Egal, wir gehen natürlich trotzdem durch einen kleinen Eingang auf das Gelände. Als wir eintreten, laufen dort bestimmt 40 Hunde herum. Lucky kann sein Glück kaum fassen. Alle 20 cm eine kleine (illegale) gelbe Spur im Schnee und jede muss erst mal ausgiebig analysiert werden.

Nach ein paar Minuten kommt uns auch schon der erste Tross entgegen. Ein junger Mann, der für eine Tierschutzorganisation arbeitet und eine Meute Gebeutelter mit sich führt. Der eine hinkt, dem anderen wurde ein Ohr abgeknabbert; so richtig gesund schauen sie alle nicht aus, aber durchaus nicht unglücklich. Da will Lucky natürlich auch hin, und wir sind gespannt.

> *Jeder Hundebesitzer freut sich darüber, seinen kleinen Liebling mit anderen Hunden spielen zu sehen. Aber aus Hundetrainersicht ist ein solches Massentreffen auch kritisch zu sehen. Viele Hundebesitzer denken, dass ihre Hunde spielen, erkennen aber nicht, dass sie eigentlich mobben oder gemobbt werden und sich somit Verhaltensmerkmale bilden, die so nicht gewünscht sind.*

ICH MACHE MIR DIESE WELT UNTERTAN ...

Kapitel 10

Während ich eher entspannt bin, beobachtet Kerstin die Situation sehr genau. Lucky rennt los und freut sich über so viele Artgenossen. Langsam dämmert es ihm: Er ist nicht einer von wenigen, nein, er ist einer von vielen. So springt er voller Glück rund um die kleinen und großen Vierbeiner, schmeißt sich auf den Boden, beschnüffelt alles, springt hoch, spielt mit dem einen und dann mit dem nächsten. Alles in allem sehr entspannend, Lucky ist ja nicht böse. Im Gegenteil, er ist eher der Alleinunterhalter, nur ohne Trommel auf dem Rücken und ohne Wandergitarre.

Irgendwann trennt sich das Knäuel und Lucky läuft uns nach. Prima, da bekommt er ein kleines Fleißkärtchen. Schon ein paar Minuten später treffen wir das nächste Rudel. Lauter Hundemädels von groß bis klein. Lucky weiß gar nicht mehr, wo er zuerst schnüffeln soll. Das geht ein paar Minuten so,

Das muss er sein, der vielgepriesene Garten Eden

WIR SIND VIELE!

bis wir weitergehen. Nur Lucky nicht: Der bleibt bei den Hündinnen. Hmm, nee, das geht ja gar nicht! Ich muss Lucky mit der Leine holen.

> Nicht 20-mal das Kommando „Hier!" rufen. Wenn es nicht geht, den Hund nach wenigen Zurufen aus der Situation rausholen, ein bis zwei Übungen anhängen, Blickkontakt abwarten und wieder laufen lassen.

Und er trennt sich nur sehr ungern von seinem vermeintlichen Harem. Nach ein paar Minuten darf er dann wieder ohne Leine laufen.

Das Ganze wiederholt sich in der nächsten Stunde. Uuiii, ein anderer Hund, da muss ich hin! Darf er auch. Und je länger wir so laufen, desto einfacher wird es. Bei zwei kleinen Beagles hat er sich etwas danebenbenommen, er ist halt ein Grobmotoriker, und die beiden Beagles sind sichtlich genervt von Luckys Annäherungsversuchen. Aber ein entschlossener Pfiff und ein „Lucky, hier!" hinterhergerufen und Ex-Muffel steht wieder Gewehr bei Fuß.

Besonders angetan ist er von drei kleinen – keine Ahnung, was das für eine Rasse ist – Hunden. Denen begegnen wir nun schon zum zweiten Mal, und er ist richtig begeistert und spielt ausgiebig mit den dreien.

Servus. Ich bin der Lucky. Und Ihr?

Nach einer Stunde Aufregung und vielen neuen Eindrücken ist Hundi etwas ausgezehrt. Sooo viele Artgenossen, lauter Ablenkungen. Und das Schönste: Wenn er so rumrennt, guckt er wenigstens ab und zu, wo ich

ICH MACHE MIR DIESE WELT UNTERTAN ...

Kapitel 10

bin, und reagiert fast immer schnell, wenn ich ihn abrufe. Und wenn nicht beim ersten Mal, dann zumindest auf das zweite Abrufen.

Juhuu! Und dann bekomme ich auch noch Lob von unserer Hundetrainerin; das erste richtige Lob seit sechs Monaten.

> *Wenn der Hund anfängt, in solchen Situationen „Rücksprache" zu halten, wie Blickkontakt, nach Besitzer umdrehen und das wichtigste Kommando „Hier!" befolgt, ist das schon ein großer Fortschritt, der sich bei allgemeiner Konsequenz und Training im Laufe der Zeit von alleine einstellt.*

Kerstin hat ihre beiden Hunde Emmy und Balu dabei. Die beiden sind einfach eine 2-Dog-Show für sich. Die schnoddeln und spielen genauso rum wie Lucky, nur wenn Kerstin was sagt, dann machen die das sofort. Egal ob „Hier!" oder „bei Fuß!" oder „Sitz!" und so weiter.

Dann gibt es ein paar kleine Übungen, die sind wirklich schräg. Wenn Schäferhündin Emmy neben Kerstin Sitz macht und Frauchen losgeht, dann bleibt Emmy wahlweise sitzen oder geht mit. Bis ich da mal draufgekommen bin… Wenn sie als erstes mit dem rechten Fuß losläuft, bleibt Emmy sitzen. Wenn sie mit dem linken Fuß zuerst losgeht, dann geht Emmy mit. Pfff, da sind wir noch ein paar Übungen hinten mit unserem Lucky.

Nach gut eineinhalb Stunden beenden wir langsam unseren Hundewiesengang. Lucky ist mittlerweile im Hund-Hopping-Modus. Von einem Hund zum nächsten und wieder zurück. Zwischendrin kommt er wieder angerannt, völlig fertig von der neuen coolen Situation. Er hat sich zumindest kein anderes Rudel ausgesucht, mit dem er mitgeht, und er ist auch nicht in ein fremdes Auto emigriert.

Das Schönste am heutigen Tag: Ich höre so viele andere Hundebesitzer, die ergebnisfrei ihrem nicht-hörenden Hund hinterherrufen, -pfeifen und -laufen. Ich dachte immer, dass wir die einzigen sind, die ihren Hund nicht ganz im Griff haben. Heute lerne ich: Von wegen, wir sind viele! ☺

Wir sind viele!

...hatte auch erst Lucky in Verdacht, war er aber nicht!

So langsam kommen wir unserem Auto wieder näher und Muffel springt entkräftet über die Heckklappe. Normalerweise stellt er sich erst mal hin, späht raus und sondiert die Lage. Heute nicht. Heute legt er sich nur hin und nach ein paar Minuten Autofahrt fängt er ziemlich laut zu schnarchen an. Das geht so lange, bis wir unsere Garage erreichen und ich ihn aufwecken muss. Dann schleift er sich (ohne Gehhilfe) durch die Tür auf das Sofa, streckt alle Viere von sich und schnarcht zufrieden weiter. Ich glaube, wir besuchen die Hundewiese nächste Woche gleich noch mal.

Unsere erste Außenprüfung haben wir also mit Bravour bestanden. Nur ist es leider wie im richtigen Leben, man darf sich einfach nicht zu früh freuen. Gestern Morgen stapfen wir in der Morgendämmerung durch den Schnee;

Kapitel 10

Ui, da hinten sind ja noch welche, auf geht's!

es ist bitterkalt. Der Landwirt vom Nachbarhof macht zu unserer Freude gerade wieder Holz, und durch den Traktor ist unser Gassi-Weg quasi wie eine Loipe gespurt. Na komm, Hundi, bekommst ein Leckerli und dann lasse ich dich von der Leine, dann kannst du rum-toben. Also macht Lucky noch mal brav Sitz, nimmt dankbar sein Futterstückchen, dreht sich um und gibt Gas. Ich schicke ihm einen lauten Pfiff und ein „Lucky, hier!" hinterher, aber da hilft gar nichts.

Die Wiese bis zur Hauptstraße dürfte etwa einen knappen Kilometer lang sein. Am Horizont sehe ich noch den kleinen schwarzen hüpfenden Punkt, der sich langsam mit dem Sonnenaufgang vermischt. Verdammter Mistkerl! Er ist der Hund, der stets verneint. Die Frage ist, ob mit Recht und ob wirklich alles, was an Beziehung zwischen uns entsteht, auch wert ist, dass es zugrunde geht.

Wir sind viele!

Ich bin richtig sauer. Ich mach mich jetzt nicht zum Affen und renne dem schwarzen Punkt laut schreiend und wedelnd hinterher. Kommt nicht in Frage! Ich zünde mir eine Frust-Zigarette an und laufe langsam zurück nach Hause, um mir einen Anti-Frust-Kaffee zu machen. Das Außenthermometer am Küchenfenster zeigt minus 19 Grad an. Die Uhr an der Wand erinnert mich daran, dass es Zeit ist, ins Büro zu fahren, wenn ich noch einigermaßen pünktlich sein möchte. Ich bin alles andere als amused und meine Gedanken laufen diametral zum Tierschutzgesetz. Am liebsten würde ich ihn so an die Wand nageln, dass er nicht mehr weiß, ob seine Muttersprache Wau oder Miau ist.

Aber es hilft ja nix. Also wieder rein in Stiefel und Anorak, Mütze auf, Leine unter den Arm und raus Richtung Antarktis. Ein paar Hundert Meter, so auf halber Höhe der Wiese, steht ein Hochsitz. Dahin schlage ich mich durch und klettere rauf; hier hat man einen strategisch guten Überblick über das Gelände.

Ab und an pfeife ich laut und lausche der Stille. Kein Hund. Mittlerweile ist er schon fast eine Stunde weg – der kann überall sein. Ich gebe ihm noch eine letzte Zigarette Zeit und werde dann einfach zurückgehen und mit dem Auto mal die Straßen rundherum absuchen.

Als ich schon wieder auf dem Rückweg bin und noch mal laut pfeife, sehe ich, wie sich der Delinquent aus dem Unterholz quält. Noch ein Pfiff und er spurtet los, diesmal zum Glück in die richtige Richtung. Da sitzt er jetzt, laut hechelnd und glubschaugend. Ich weiß gar nicht, was ich machen soll. Mit der Leine maßregeln, anschreien? Ich tue hundetechnisch wahrscheinlich wieder mal das Falsche: Ich freue mich nämlich, dass er da ist, und begrüße ihn ganz überschwänglich. So trottet er angeleint neben mir nach Hause zurück.

Heißt es in dem gleichen Buch nicht auch, dass derjenige, der sich immer strebend bemüht, auch erlöst wird? Also müssen wir uns noch mehr be-

ICH MACHE MIR DIESE WELT UNTERTAN ...

Kapitel 10

mühen. Lucky wird die nächsten Tage keine Freigänge mehr ohne Leine haben. Und sein Futter darf er sich auch wieder aus der Hand verdienen. Ich hoffe mal, dass wir auch irgendwann eine Mensch-Hund-Beziehung haben, von der wir sagen können: Oh Augenblick, verweile doch, du bist so schön. 🐾

Die Hundetrainer sind der Meinung, dass wir Lucky ruhig öfter mit raus in die Welt nehmen sollen.

> *Solche Situationen sind natürlich für die Herrchen und Frauchen die schlimmsten. Wann kommt er wieder? Hoffentlich passiert ihm nix. Minuten werden zu gefühlten Stunden. Allerdings ist die Reaktion von Herrchen total falsch. Der Hund lernt eigentlich nur, dass abhauen nicht schlimm ist. Herrchen wartet auf mich und freut sich riesig, wenn ich wieder da bin. Hinterherlaufen bringt gar nix, denn der Hund ist schneller und findet dann sogar meist, dass das ein wunderbares Spiel ist, das er immer wieder spielen will.*

Da haben wir uns gedacht: Den nehmen wir jetzt einfach mal mit zum Hundefutter-Shoppen in den Zoomarkt. Das klingt auf jeden Fall nach Action.

Wir kaufen meistens in einem großen Gartenmarkt in der Nähe ein. Dort gibt es eine schöne große Zoo-Abteilung mit lebenden Tieren, jede Menge Tier- und Hundefutter und Hunderte von Regalmetern mit Zubehör und Leckerli für Hundi und anderes Getier.

Vor meinem geistigen Auge reißt sich Muffel schon kurz nach der Eingangstür von der Leine und stürmt die Tierabteilung. Katzendosenpyramiden fallen unter tosendem Lärm in sich zusammen, Kaninchen und Federvieh versuchen verzweifelt, die automatische Ausgangstür zu erreichen, während kreischende Mütter ihre Kleinkinder einsammeln und Lucky sich ein Seepferdchen aus dem Aquarium genehmigt. Und dann schielt er Richtung Schlangenterrarium.

Ich rufe vorher lieber mal an und gebe dem Unternehmen eine faire Chance, nein zu sagen...

Wir sind viele!

Aber die haben
a) viel Humor,
b) scheinbar häufiger unerzogene Hunde in ihrem Laden,
c) schockt sie wohl ob ihrer Erfahrung gar nichts mehr und
d) sind die total nett und freuen sich!

Nun denn, also los zum Gartencenter in Regensburg.

Heute darf er an der kurzen Leine gehen; naja, eigentlich zerrt und zieht er schon, seit wir aus dem Auto gestiegen sind. Unsere erste Bewährungsprobe lauert gleich einige Meter hinter der Eingangstür in Form einer Imbisstheke – für Menschen. Würstchen, Leberkäsesemmeln, Fleischpflanzerlsemmeln (in fremden Ländern auch Buletten genannt); nicht nur mir läuft das Wasser im Munde zusammen. Lucky dreht auf dem glatten Boden durch wie ein Heckantrieb-Pkw auf schneeglatter Straße und will nur eines: WURST.

Ich zerre unser Monster Richtung Indoor-Pflanzen und dann weiter zur Zoo-Abteilung. Wenigstens hat er noch nicht sein Beinchen gehoben und noch keinen Kunden angepöbelt. Als wir die ersten Hundefutter-Regale erreichen, ist es ziemlich dahin mit seiner inneren Gelassenheit. Er winselt 20 kg-Säcke Trockenfutter an und glubschaugt völlig ungläubig auf die Riesen-Regale. Sein Kopf liegt schon wieder so schräg wie beim „Irren Ivan". Seinem Blick nach muss dieser gefährliche Trockenfuttersack unbedingt gestoppt werden. Am besten durch die totale Vernichtung und Verdauung. Wer weiß, was dieser Futtersack der Mensch- und Hundheit noch antun könnte.

Wir (plural) zerren das Monster aus der Futterstraße Richtung Aquarien. Jetzt darf Lucky Sitz machen und etwas ausspannen. Das klappt auch nach ein paar Aufforderungen. Seepferdchen und andere Wassertiere findet er nicht besonders spannend, da ist einfach keine Action in den Aquarien. Aber das Fischfutter. Hmm, dieser komische Duft aus den Dosen lässt ihn Würstchen und Leberkäse vergessen und fast hätte er sich eine Büchse aus dem Regal unter den Nagel gerissen.

Richt lecker nach einer Mischung aus Brachwasser, Hasenkot und exotischen Pflanzen

Zwei Reihen später glaubt er sich endgültig im Garten Eden. Neben einem Regal steht er einfach rum. Sprach- und fassungslos guckt er noch mal nach. Jaaaaa, ein Napf, randvoll mit Trockenfutter. Einfach so. Ohne dass er Sitz machen muss oder Platz oder sonst was. Das Gratis-Buffet ist eröffnet.

Du, Hund, nur mal so am Rande: Da kommen heute bestimmt noch mehr Hunde. Für die sollte es auch noch ein paar Weihnachtshäppchen geben. Lass also wenigstens ein bisschen was übrig. Da kommt man sich ja vor wie ein Schnorrer, der jeden Tag in vier Hundeläden geht und seinen Vierbeiner kostenlos durchfüttern lässt. Schluss und Nein, weiter geht's!

Wir sind viele!

Der Laden hat schließlich noch mehr zu bieten. Kaninchen zum Beispiel. Mittendrin stehen ein paar kleine Gehege mit allerlei Klein-Fell-Tierchen. Die Kaninchen sind wahrscheinlich ziemlich abgebrüht. Den ganzen Tag laufen Menschen und auch Hunde rum, gucken rein und schnüffeln rum.

Der kleine Weiße hat es Hundilein irgendwie angetan, ihm (oder ihr) schnüffelt er durch die Scheibe die ganze Zeit hinterher und schickt eine Freundschaftsanfrage nach der anderen rüber. Nur hat der oder die kleine Weiße nach einer Minute gar keine Lust mehr auf Lucky und streckt ihm das Hinterteil entgegen. Tja, Hund, steht halt nicht jeder auf dich.

... ich schick dir eine Freundschaftsanfrage!

Nach einer halben Stunde aufgekratztem Hin- und Herlaufen, alles abschnüffeln, Vogelkäfige ankläffen, der lieben Abteilungsleiterin noch ein Le-

Kapitel 10

ckerli abglubschaugen, Schlangen beim Nichtstun zuschauen und noch mal am Fischfutter schnüffeln verlassen wir frohen Mutes den Markt. Auch wenn er zerrt und zupft und überall immer sofort hin will, es hat irgendwie Spaß gemacht – ohne Sachschäden oder Verwundete. 🐾 🐾 🐾

> Hier wurde wieder vermeintlich gefestigtes Verhalten getestet. Der Hund ist vom Ausbildungsstand Meilen entfernt, solche Störfaktoren wie Futter, Getier, neue Situationen entsprechend zu verarbeiten. Ein Besinnen auf die Lerngesetze hätte diese Freakshow vermieden.
> Mit größtmöglichen Reizen für den Hund wurde nicht zu leistendes Verhalten abgefragt. Man wollte in den 3. Stock, ohne bemerkt zu haben, dass bis dato noch keine Treppe gebaut ist.

Das kleine Vögelchen da vorne bekomm ich wirklich nicht?

ICH, LUCKY!

WIR SIND VIELE!

WALDSPAZIERGANG NR. 550

Beim Spazierengehen mit Hund kommen einem die skurrilsten Gedanken. Zum Beispiel, dass wir diesen Weg so gut wie jeden Tag einmal gehen. Wir müssen an dieser Baumgruppe so hochgerechnet um die 550-mal vorbeigekommen sein. Wenn wir etwa 45 Minuten unterwegs sind, ergibt das über 400 Stunden.

Oder ich ertappe mich, wie ich leise vor mich hin singe. Meist alte Songs, die man halt noch auswendig kennt. Irgendwann hab ich angefangen, bei jedem „Lucky, hier!" laut den Refrain von „Ruby Tuesday" zu singen. Nach zwei Wochen hab ich dann nur noch den Refrain gesungen. Schon cool, wie Lucky da angerauscht kam. Das ist nur nicht besonders alltagstauglich.

Schon in der Studentenband durfte ich fast alles, nur nicht singen. Selbst die zugekifften Musikerstudis, die eigentlich eh nichts mehr mitbekommen haben, wollten mir kein Mikro geben – nicht mal für den Background-Gesang.

Wie würden wohl die ganzen anderen Hundebesitzer reagieren, wenn ich auf der großen Hundewiese vor mich hin trällere, um Muffel herbeizusingen? Vielleicht sollte ich Hut und Gitarre mitnehmen, kann ja sein, dass einer was reinschmeißt.

Neeiiin, nicht noch eine Strophe!

ICH MACHE MIR DIESE WELT UNTERTAN ...

Kapitel 10

Aber allein im Wald, was soll's. So schmettere ich wieder ein „Goodbye Ruby Tuesday" über die Lichtung, und hinter der Eiche kommt nicht der röhrende Hirsch, sondern Lucky angelaufen. Entweder weil er weiß, dass ich dann aufhöre zu singen, oder weil er weiß, dass er ein Schmerzensgeld-Leckerli bekommt, oder beides.

Den Befehl „ab, darfst wieder weiterrennen" veredle ich musikalisch mit „Layla" vom guten alten Clapton. Scheinbar ist meine Interpretation so überzeugend, dass Lucky nur eins denkt: Nix wie weg hier!

Bei „Fly by!", also bei Fuß gehen, schwanke ich noch zwischen dem moderneren „Geboren, um zu leben" und dem Klassiker „Sundown" von Gordon Lightfoot. „Sundown" kann ich fehlerfrei auf der Klampfe runterspielen, bei dem Grafen fehlt mir die Stimmgewaltigkeit. Ich halte euch auf dem Laufenden, welchen Song Hase, Reh und Lucky ertragen dürfen.

Später, so zwischen 22 und 23 Uhr, gehen wir meist zu dritt raus: Ingrid, Lucky und ich.

Wir streunen dann so 15-20 Minuten um Haus und Hof. Wenn's regnet, etwas kürzer, wenn das Wetter passt, auch mal eine halbe Stunde.

Nun bin ich derjenige, der jeden Morgen zwischen 5 und 6 Uhr aufsteht, um mit Hundi eine gute halbe bis dreiviertel Stunde durch Wald und Wiesen zu laufen. Und Frauchen

Der Berg ruft!

Wir sind viele!

dreht sich noch mal um und schlummert weiter. Und ich kämpfe mich mittags durch Tundra und Taiga mit dem Grande Rüpel, während Frauchen sich ihrer Nachspeise widmet. Ja, und nun raten Sie mal, wie mir das Muffel dankt? Richtig, er schleicht um Frauchens Beine, nicht um meine.

Ich rufe ihn ab. Wenn wir alleine sind, klappt das ziemlich gut. Aber zu dritt? Ja, da ruft der Alte mal den Hund ab. Und Hundi? Der bleibt gelassen. So eine große Entscheidung, jetzt gleich zum Dosenöffner zu rennen, muss einfach gut überlegt sein. Nach einer Pause entscheidet sich Muffel, erst mal zu Frauchen zu laufen. Er will sich wohl noch eine zweite Meinung zum Thema „Lucky, hier!" einholen... Er ist schon ein (liebenswertes) Miststück.

Ich hab Sitz gemacht, wo ist der Leckerli-Regen?

Kapitel 11
Quintessenz

*Früher wäre er einfach drüber und ab.
Das macht er heute nicht mehr!*

Kapitel 11

So langsam wird es Weihnachten 2010. Das Jahr neigt sich. Und wir sind unserem Ziel „Aus Muffel wird wieder Lucky" noch nie so nah gewesen wie heute.

Ich weiß nicht, ob Sie einen Hund haben und sich in der einen oder anderen Situation wiedergefunden haben. Oder ob Sie die Absicht haben, sich einen Hund anzuschaffen. Oder ob Sie Hunde-Profi sind und völlig fassungslos die Ausführungen hier gelesen haben – wie unsere Trainer das eine oder andere Mal.

> **Konsequenz ist das Einmaleins der Hundeerziehung. Ein Hund braucht eine klare Struktur. Dann ist er glücklich :-)**

Ich jedenfalls bin mir darüber im Klaren, dass ich wohl nie ein wirklich toller Hundebesitzer werde. Theoretisch weiß ich ja, wie es geht: mit Strenge, mit Konsequenz, mit Durchsetzungsvermögen.

Unsere Beziehung hat sich irgendwo oberhalb der Mitte eingependelt. Manchmal glaube ich noch heute, dass Lucky nicht biologisch korrekt aus einem Muttermund entsprang, sondern sich aus einem Ei gepickt hat, rausgesprungen ist und geschrien hat: Hey, Welt, hier bin ich, was hast du mir zu bieten?!

Er darf immer noch viel zu viel. Manchmal macht er Sachen, die ich ihm gar nicht durchgehen lassen dürfte. Aber wenn ich ehrlich bin: Er amüsiert mich

Weites Land

ICH, LUCKY!

142

Quintessenz

einfach. Er hat seinen eigenen Kopf und ab und an darf er den ausleben. Soll er halt durch Pfützen rennen, sich in Gülle suhlen und aussehen wie ein Schwein, egal. Wenn's ihm gefällt... Ich hab in meiner Jugend auch manchen Mist gebaut – und hey, es hat verdammt noch mal Spaß gemacht!

Auf der anderen Seite gibt es auch absolute No-Go's. Wie letzte Woche, wo er in freier Wildbahn einen Aasknochen gefunden hat und den voller Freude vertilgen wollte. Das geht nicht. Also muss er „Aus!" machen.

Das endet in einer Rangelei, in der ich meine Hand zwischen Knochen und Reißzähne keile, mit der Leine seinen Unterkiefer runterziehe und ihm den Knochen entreiße. Den Fight hab ich gewonnen – ohne Bisswunden. Auch wenn er dann frustriert ist, er weiß, dass es eine Grenze gibt, die wir nicht mehr akzeptieren.

Irgendwo in den Weiten zwischen dem perfekt erzogenen und perfekt verzogenen Hund befinden wir uns. Aber Lucky erkennt die Grenzen. Und das Kennen der Grenze ist eine Quintessenz aus der Erziehung.

Zudem können wir uns ein Leben ohne Lucky eh nicht mehr vorstellen. Er pöbelt mittlerweile sehr dosiert. Scheinbar ahnt er, wenn er die Grenze überschreitet, und macht es irgendwie auf eine liebevoll nette Art – ohne Blutgrätsche. Er ist halt unser Buddy geworden.

Lucky ist nicht perfekt. Und er wird bei unserer Erzie-

> *„Aus!" ist suboptimal bzw. falsch. Aus ist ein positives Hörzeichen. Hund gibt was ab und bekommt was. „Nein!" ist ein „Unterbindungshörzeichen" – hier MUSS der Hund jegliches Verhalten sofort unterbinden. Funktioniert, wenn Nein trainiert ist.*
> *Das Abgeben von Gegenständen, in diesem Fall von Aas, muss geübt werden. Wenn der Hund das Gefühl hat, man will ihm immer was ganz Tolles wegnehmen, wird es immer ein Kampf werden. Das stellt dann jedes Mal die Beziehung zwischen Hund und Mensch auf die Probe. Einfacher ist natürlich, das Abgeben von Gegenständen zu trainieren. Dazu bietet man dem Hund ein Spielzeug oder Futter als Alternative, z.B. wird Pansen gegen Schweineohr getauscht oder umgekehrt. Dabei den gewünschten Befehl verwenden und so dieses Kommando konditionieren.*

ICH MACHE MIR DIESE WELT UNTERTAN ...

Kapitel 11

hung wohl auch nie wirklich perfekt werden. Aber ich mag unseren nicht-ganz-perfekten Hund halt.

Rückblickend war es vor eineinhalb Jahren eine ziemlich aberwitzige Idee, sich einen Hund anzuschaffen. Denn wir wussten wahrlich nicht, was da auf uns zukommt. Keine Ahnung von Hunden und Hundeerziehung. Wir haben ja keinen Kleinkram gekauft, der in die Handtasche passt. Was macht man denn, wenn ein kleiner Handtaschen-Hundi nicht hört? Den schau ich mal ganz böse an und sag ihm verbal meine Meinung und dann freut er sich, dass er wieder in die Handtasche darf. Aber 50+ kg pures Muskelfleisch? Der denkt sich erst mal „Leck mich", und seine Außenwirkung ist enorm.

Ich erlebe es immer mal wieder, dass Passanten die Straßenseite wechseln, wenn sie Lucky sehen. Auf manche wirkt unsere Kanonenkugel einfach furchteinflößend. Auf jeden Fall werde ich auf der Straße nicht mehr angepöbelt... Ich muss das unbedingt mal testen und abends ins Bahnhofsviertel gehen.

Aus heutiger Sicht würde ich jedem Neu-Hundebesitzer raten, sich viel früher ein Hilfskommando in Form einer Hundetrainerin oder eines Hundetrainers zu engagieren, als wir es getan haben. Es lohnt sich.

Vor einem guten halben Jahr war das Spazierengehen mit Lucky manchmal eine Qual. Er zerrte an der Leine mit aller Gewalt oder ist einfach ausgebüchst. Man war also ständig auf der Hut, vor allem weil er einfach gar nicht auf uns hören wollte. Heute ist das alles viel entspannter.

Der Ausflug auf die große Hundewiese ist ein gutes Beispiel. Das Wetter ist einfach traumhaft – kalt, aber mit strahlendem Sonnenschein. Lucky kommt gleich wieder in den Hunde-Hopping-Modus und rennt von einem Artgenossen zum nächsten. Überall pfeift und ruft es, und glauben Sie mir, nicht mal die Hälfte der Hunde macht Anstalten, um zu ihrem Herrchen oder Frauchen zu laufen.

Quintessenz

Kurz vor uns laufen einige jüngere Leute mit mehreren Hunden. Eine Frau hat einen sehr schönen, großen und blonden Hund dabei. Der rennt genau wie Lucky mal vor und zurück und schnüffelt um die anderen Hunde herum. Frauchen ruft nach ihrem Hund und der gibt erst mal Vollgas zum nächsten Rudel. Laut rufend und armwedelnd läuft sie ihrem Vierbeiner hinterher.

Ich muss innerlich lachen; genauso ging es mir vor einigen Monaten ja auch. Dann rufe ich nach Lucky, und siehe da, der kommt sofort angerannt und bekommt natürlich ein dickes Lob und Leckerchen.

Da spricht uns die Frau an und meint, dass wir wenigstens einen erzogenen Hund haben, der kommt, wenn wir ihn rufen. Jetzt kann ich nicht mehr – nur innerlich schmunzeln – jetzt kann ich mein Lachen einfach nicht mehr unterdrücken. Die gute Frau ist etwas irritiert, aber naja, da muss sie durch.

Wie schräg ist das denn, dass uns eine Hundebesitzerin um unseren wohlerzogenen Hund beneidet? Also, liebe Kerstin und lieber Michael, ihr habt einen guten Job gemacht. Lucky ist in jedem Fall vom Bolzplatz-Niveau mehrfach aufgestiegen, was seine Erziehung angeht.

> Solche Situationen sind sehr erfreulich. Aber konsequent bleiben und Fehlverhalten sofort korrigieren – sonst ist es beim 3. oder 4. Mal nicht mehr so entspannend.

Einen Hund zu haben hat aber auch seine Schattenseiten. Sie wollen 3-4 Mal im Jahr in Urlaub fahren oder fliegen? Sie lieben es, sich mit Ihren Freunden abends auf ein Bierchen – oder zwei – zu treffen? Sie lieben Kinofilme? Gehen Sie mal in den Kinokomplex und fragen nach zwei Karten: eine für mich, eine für das kleine Hundi da – ohne 3D-Brille, versteht er eh nicht. Checken Sie mal bei Lufthansa ein, zwei Sitze nebeneinander: einen für mich, einen für Muf-

> Man muss als verantwortungsbewusster Hundebesitzer nicht sein „Leben" aufgeben – aber fast. Verantwortung muss man zeigen, wenn es um Urlaub oder Ausflüge geht, an denen der Hund nicht teilnehmen kann. Aber Bierchen trinken und Kino gehen geht.

ICH MACHE MIR DIESE WELT UNTERTAN ...

fel. Nee, bitte kein vegetarisches Essen für ihn, er ist eher der Fleischfresser. Huhn mag er auch.

Am Ende ist es einfach so, dass man sich als Hundebesitzer einschränken muss. Einschränken ist vielleicht nicht ganz der richtige Ausdruck. Manche Sachen muss man vorbereiten und planen. Ich kann auch nicht mehr morgens spontan entscheiden, dass wir jetzt auf der Stelle nach Italien fahren. Auch der Freundeskreis selektiert sich. Es gibt erstaunlich viele Menschen, die eine Allergie haben. Auf Hunde. Da werden Sie so manchen guten alten Kumpel einfach nur noch ohne Hund treffen können und damit automatisch seltener.

Auf der anderen Seite macht Hund haben einfach Spaß. Wir trollen gemeinsam über Wiesen und Felder oder wenn uns danach ist, ziehen wir auf der Hundewiese unsere Kreise, wo viele andere Hundemenschen nebst Hunden rumlaufen, und man kann sich mit anderen supergut unterhalten, Spaß haben und sich einfach amüsieren.

Und so stehen wir jeden Morgen auf, mal mehr und mal weniger verschlafen, und lassen uns überraschen, was uns der Tag hundetechnisch so zu bieten hat. Auf jeden Fall sind wir offen für alles Neue und lassen uns treiben.

Und hey, wenn Sie einen total verzogenen Hund haben und deshalb einen Hundetrainer oder Trainerin engagiert haben, hier ein Tipp, wie Sie Ihren Trainer zur Fassungslosigkeit bringen: Legen Sie mal eine richtig schlechte Performance hin, nix funktioniert zwischen Ihnen und dem Hund. Und dann lassen Sie in einem Nebensatz fallen, dass Sie sich einen zweiten oder sogar einen dritten Hund zulegen möchten. Der fassungslose Blick des Hundetrainers ist es echt wert.

Wenn es ein guter Trainer/Trainerin ist, wird er/sie versuchen, Sie von dieser aberwitzigen Idee abzubringen. Ein schlechter Trainer wird einfach nur

QUINTESSENZ

hochrechnen, was Sie bis zum Lebensende von Hund 2 und 3 an den Trainer bezahlen werden.

Wir jedenfalls denken tatsächlich über einen zweiten Hund nach. Und Kerstin versucht völlig verzweifelt, uns von dieser Idee abzubringen (gute Trainerin). Mal schauen, was das neue Jahr so an neuen Hunden bringen wird.

ICH, LUCKY!

Unsere Weihnachtshunde

Bye-bye sagen unsere Weihnachtshunde (von links nach rechts)
Kerstins Wunderhündin Emmy
Kerstins Wunderhund Balu (Beulchen)
Und Lucky, nix Wunderhund, aber auch mit Beule

ICH MACHE MIR DIESE WELT UNTERTAN ...

Das Kreuz mit den Namen

Lucky heißt eigentlich Lucky River. Das hat keinerlei mystische Bedeutung, sondern ist einfach nur ein Terminus aus einem Spiel. Selbstverständlich hat Lucky einen Chip und ist damit bei Tasso registriert. Unsere Tierärztin hat dann nur im Eifer des Registrierungsgefechtes einen kleinen Fehler in die Unterlagen gebracht. Jetzt heißt er offiziell Lucky Piver, was auch irgendwie passend ist.

Kleine Katzen bekommen bei uns immer Interimsnamen. Nach einigen Wochen geben wir sie an ihre neuen Besitzer ab und die werden dem Kleinkram so oder so eigene Namen verpassen. Eine kleine Katze heißt zum Beispiel Frau Schmidt. Beim letzten Wurf waren wir irgendwie auf dem Essenstrip, jedenfalls gab es da unter anderem ein Schwarzbrot und einen Rotkohl.

Dieses Jahr hatten wir insgesamt drei Katzenwürfe, das war schon etwas viel. Und es kam, wie es kommen musste: von 14 Mini-Miezen sind uns drei geblieben. Jetzt kratzt sich ein Schwarzbrot jeden Morgen meine Beine hoch, und Rotkohl hat seine Liebe zum Hund entdeckt und schnurrt ihm ein Ohr ab.

Das Kreuz mit den Namen

Katze Rotkohl: Schnurrrrrrr
Hund: Ruhe!
Mensch von hinten nicht sichtbar: Das war mal mein Sofa!

ICH MACHE MIR DIESE WELT UNTERTAN …

Anhang A:
Michael Pahlke: Kriterien für die Auswahl einer Hundeschule oder eines Hundetrainers

Mittlerweile boomt der Markt für Hundetraining und Hundeschulen sprießen überall aus dem Boden. Fast jeder Hundeverein bietet mittlerweile Erziehungslehrgänge und Spielstunden an. Leider gibt es in Deutschland keinen staatlich anerkannten Ausbildungsweg für Hundeerzieher, und auch eine Hundeschule kann jeder eröffnen, der sich berufen fühlt.

Ebenfalls sind fast alle Titel nicht staatlich verliehen oder geschützt und geben damit keinerlei Anhaltspunkte über die Qualität des gebotenen Unterrichts. Wir möchten einige Entscheidungshilfen an die Hand geben.

Folgende Kriterien sollten von einer seriösen Ausbildungsstätte erfüllt werden:

- Ausbilder geben bereitwillig Auskunft über ihre Qualifikation und Erfahrung in der Erziehung von Hunden. Oft ist es so, dass die Trainer quantitativ gesehen nur wenig Kenntnis über die Hundeausbildung haben. Das Ausbilden selbst ist eine absolut notwendige Schule, um den Erfahrungsschatz zu erweitern. Nur so ist gewährleistet, die verschiedenen Hunderassen und die verschiedenen Charaktere entsprechend gut zu

KRITERIEN FÜR DIE AUSWAHL EINER HUNDESCHULE

trainieren und auszubilden. Selbst nur einen oder zwei Hunde ausgebildet und sich mittels weniger Wochenendkurse (weiter)gebildet zu haben, dürfte zu wenig sein.

- Zeitgemäße Ausbildung soll im Vordergrund stehen, bei vermeintlicher „Hundeflüsterei" ist Vorsicht angesagt.

- Eine gute Hundeschule bietet die Möglichkeit, mindestens einmal unverbindlich beim Unterricht zuzusehen, bevor man sich zur Ausbildung anmeldet.

- Gute Hundeschulen bieten vielfältige Programme und scheren nicht alle Hunde, gleich welcher Rasse und Problematik, über einen Kamm. Das Training muss Spaß machen und gleichzeitig darf der Fortschritt nicht außer Acht gelassen werden. Ein Ausbildungs-/Trainingsziel muss fixiert werden.

- Bei Gruppenunterricht sollte die maximale Teilnehmerzahl aus nicht mehr als 4-6 Teams bestehen, Gruppenunterricht sollte trotzdem vielfältig gestaltet sein und nicht aus bloßem „im-Kreis-laufen" bestehen. Die Gruppe sollte konstant sein, Neueinsteiger gehören nicht in bereits laufende Gruppen.

- Problemhunde gehören zunächst immer in den Einzelunterricht; generell sollte für alle Hunde die Möglichkeit bestehen, Einzelunterricht zu nehmen.

- Bei Problemhunden werden individuelle Beratungsgespräche angeboten.

- Bei der Anmeldung wird ein kurzes Aufnahmegespräch geführt, um den Besitzern klarzumachen, was auf sie zukommt.

Anhang A

- Vorsicht beim generellen, vorschnellen oder leichtfertigen Einsatz von Starkzwangmitteln, wie Stachelhalsband oder Elektrohalsbändern. Prinzipiell darf der Einsatz von Erziehungsmitteln, die den Besitzern nicht behagen, seitens der Hundeschule nicht erzwungen werden.

- Rassespezifische Besonderheiten von Hunden werden in der Erziehung berücksichtigt.

- Die Vermittlung von theoretischen Grundlagen für den Besitzer ist eine Selbstverständlichkeit.

Diese Punkte sollen als Ratgeber empfunden werden. Die Auswahl der richtigen Hundeschule ist entscheidend für das weitere Leben mit dem Hund. Die Ausbildung entscheidet darüber, wie sich das Leben mit dem Hund, das ja durchaus über 13 Jahre dauern kann, entfaltet.

Kriterien für die Auswahl einer Hundeschule

Erholung von der Hundeschule

ICH MACHE MIR DIESE WELT UNTERTAN …

ANHANG B:
KERSTIN WEICHINGER:
WIE FINDE ICH EINEN GUTEN ZÜCHTER?

Soll es unbedingt ein Rassehund sein oder kann es auch ein Mischling werden? Selbst bei Mischlingen sollte man sich Gedanken darüber machen, ob die gemixten Rassen auch zu einem passen.

Mischlinge sind zumeist Produkte von Hobbyzüchtern, die nicht von einem Zuchtverband kontrolliert werden. Aber selbst unter Rassehunde-Züchtern gibt es schwarze Schafe. Darum informieren Sie sich genau, von wem Sie Ihren Hund – mit dem Sie schließlich einige Jahre und hoffentlich Jahrzehnte verbringen werden – kaufen.

Wer sich einen Rassehund mit Abstammungsurkunde zulegt, weiß, dass der Welpe eine lückenlose Dokumentation seiner Vorfahren nachzuweisen hat. Die Elterntiere mussten einige Prüfungen durchlaufen, um festzustellen, ob Sie dem Rassestandard entsprechen, und genetische Tests und Gesundheitsprüfungen ablegen. Erst nach den zahlreichen Untersuchungen, Tests, Prüfungen und Ausstellungen dürfen die Hunde vom „Verband für das Deutsche Hundewesen" (VDH) zur Zucht zugelassen werden.

Wie finde ich einen guten Züchter?

Ein guter Züchter hat auf den ersten Blick folgende Merkmale:

- Es werden maximal ein bis zwei Rassen gehalten. Auch die Anzahl der Zuchttiere sollte so gering wie möglich gehalten werden, damit das einzelne Tier – und somit auch der Nachwuchs – noch genügend Zuwendung bekommt.

- Ein guter Züchter kann alle Vor- und Nachteile der jeweiligen Rasse nennen und Ihnen zum Kauf raten oder auch abraten, wenn die ausgesuchte Rasse bzw. der ausgesuchte Mischling nicht zu Ihren Lebensumständen passt. Der Züchter wird sich für Ihre Ansprüche und Vorstellungen interessieren. Hier verhält es sich ähnlich wie mit guten oder schlechten Hundetrainern. Ein guter Züchter berät Sie umfassend über die Rasse. Ein schlechter Züchter möchte Ihnen auf jeden Fall einen Welpen aufschwatzen, um Geld zu verdienen und den Welpen loszuwerden.

- Die Zuchtpapiere der Elterntiere sowie Kaufvertrag und Impfpass können vorgelegt werden.

- Sie können auf jeden Fall auch das Muttertier sehen. Meistens ist es so, dass entweder Zuchthündin oder Zuchtrüde gehalten werden. Beide Elterntiere sind selten in einer Zuchtstätte anzutreffen.

- Die Welpen verhalten sich zutraulich und aufgeschlossen. Sie sind an den Menschen gewöhnt, haben eine dem Alter angemessene Figur, gesundes Fell und klare gesunde Augen.

Über dieses umfangreiche Thema können und sollten Sie sich vor Anschaffung des Vierbeiners z.B. über das Internet unter: www.zuechter.info oder direkt beim „Verband für das Deutsche Hundewesen" (www.vdh.de) informieren.

Anhang C: Über Kerstin Weichinger

2-jährige Ausbildung zur Hundeverhaltenstherapeutin an der renommierten Akademie für Tiernaturheilkunde ATN AG in der Schweiz mit in Deutschland anerkanntem Abschluss. Ausbildungsschwerpunkte:

- Verhaltenspsychologie
- Lernverhalten
- Verhaltensökologie
- Ethologie (Abstammung, Verhalten und Sozialstruktur, Domestikation)
- Lernverhalten, Motivation, Ausbildungsmethoden beim Hund
- Rassenkunde
- Ontogenese
- Stress und Stressmanagement

Aufbau eines Trainingscenters mit Schwerpunkt Problemhunde und Welpenerziehung

Besuch diverser Seminare und Weiterbildungen bei Harry Antonson, Dr. Dorit Federsen-Peterson, Edgar Scherkl zu unterschiedlichen Themen der Hundeerziehung und dem Umgang mit Problemhunden: Ausdrucksverhalten, Unterordnung, Anti-Jagd-Seminare und vieles mehr.

ÜBER KERSTIN WEICHINGER

Kerstin Weichinger

Anhang D: Über Michael Pahlke

- Von der Regierung der Oberpfalz öffentlich bestellter und beeidigter Sachverständiger für das Verhalten von Hunden. Fachgebiet: Beurteilung von Hunden im Hinblick auf Aggressivität und Gefährlichkeit gegenüber Mensch und Tier. Für alle Hunde, die einen Wesenstest ablegen müssen.

- Vom Verband für das Deutsche Hundewesen (VDH) e. V. anerkannter Trainer.

- Mitglied beim Verein für Deutsche Schäferhunde (SV) und dort anerkannter Trainer.

- Inhaber der Hundeschule Regensburg.

- Michael Pahlke fertigt Gutachten zu folgenden Themen (betrifft alle Hunderassen):

    - Hundeaufereien, Beißvorfälle gegen Menschen oder Tiere

    - Erlangung einer Haltergenehmigung zur Haltung eines Kampfhundes (Rassenfeststellung, Wesenstest, Wesensbeurteilung)

    - Erlangung eines Negativzeugnisses (Befreiung von der Erlaubnispflicht zur Haltung eines Kampfhundes)

ÜBER MICHAEL PAHLKE

Michael Pahlke

Seit ca. 40 Jahren lebt Michael Pahlke mit Hunden zusammen. Im Alter von 13 Jahren begann er, mit Hunden zu arbeiten und diese auf Prüfungen vorzubereiten.

Er bildete viele Hunde verschiedenster Rassen aus und war bereits mit 16 Jahren Co-Trainer in einem Verein. Bis heute ist er mit der Ausbildung von Vereinen und Einzelhundebesitzern beschäftigt. Aus diesen Vereinen gingen Hunde hervor, welche mit Erfolg auf regionaler, überregionaler, nationaler und internationaler Ebene bei verschiedenen Wettkämpfen und

Anhang D

Michael Pahlkes Hund Anton

Turnieren bestehen konnten. Ferner wurden von ihm in den USA Teams für die Weltmeisterschaft trainiert. Durch die bereits Jahrzehnte andauernde Beschäftigung mit Hunden und Hundebesitzern kann die Anzahl der betreuten und gearbeiteten Hunde auf über 10.000 geschätzt werden. Michael Pahlke gab und gibt Ausbildungsseminare in Deutschland, Europa, Russland und den USA.

ICH MACHE MIR DIESE WELT UNTERTAN ...

„Langsam wachs ma zam" – also Bayerisch für „Langsam wachsen wir zusammen"